U0163446

张楚廷 ◎ 著

数学与创造

MATHEMATICS AND CREATION

SCIENCE & HUMANITIES

05

数学科学文化理念传播丛书（第二辑）

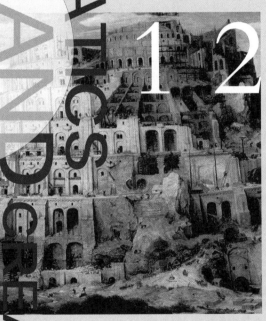

1 2 3 4

大连理工大学出版社
Dalian University of Technology Press

图书在版编目(CIP)数据

数学与创造 / 张楚廷著. --大连：大连理工大学
出版社，2023.1(2024.8重印)
（数学科学文化理念传播丛书. 第二辑）
ISBN 978-7-5685-4089-6

Ⅰ. ①数… Ⅱ. ①张… Ⅲ. ①数学－创造学 Ⅳ.
①O1-0

中国版本图书馆 CIP 数据核字(2022)第 250824 号

数学与创造

SHUXUE YU CHUANGZAO

大连理工大学出版社出版

地址:大连市软件园路 80 号　邮政编码:116023
发行:0411-84708842　传真:0411-84701466　邮购:0411-84708943
E-mail:dutp@dutp.cn　URL:https://www.dutp.cn

辽宁新华印务有限公司印刷　　　　　　大连理工大学出版社发行

幅面尺寸:185mm×260mm　　印张:11.5　　字数:183 千字
2023 年 1 月第 1 版　　　　　　2024 年 8 月第 2 次印刷

责任编辑:王　伟　　　　　　　　责任校对:李宏艳
封面设计:冀贵收

ISBN 978-7-5685-4089-6　　　　　　　　定价:69.00 元

本书如有印装质量问题,请与我社发行部联系更换。

数学科学文化理念传播丛书·第二辑

编 写 委 员 会

丛书主编 丁石孙

委　　员（按姓氏笔画排序）

王　前　史树中　刘新彦

齐民友　汪　浩　张祖贵

张景中　张楚廷　孟实华

胡作玄　徐利治

写在前面^①

一

20 世纪 80 年代,钱学森同志曾在一封信中提出了一个观点.他认为数学应该与自然科学和社会科学并列,他建议称为数学科学.当然,这里问题并不在于是用"数学"还是用"数学科学".他认为在人类的整个知识系统中,数学不应该被看成自然科学的一个分支,而应提高到与自然科学和社会科学同等重要的地位.

我基本上同意钱学森同志的这个意见.数学不仅在自然科学的各个分支中有用,而且在社会科学的很多分支中有用.随着科学的飞速发展,不仅数学的应用范围日益广泛,同时数学在有些学科中的作用也愈来愈深刻.事实上,数学的重要性不只在于它与科学的各个分支有着广泛而密切的联系,而且数学自身的发展水平也在影响着人们的思维方式,影响着人文科学的进步.总之,数学作为一门科学有其特殊的重要性.为了使更多人能认识到这一点,我们决定编辑出版"数学·我们·数学"这套小丛书.与数学有联系的学科非常多,有些是传统的,即那些长期以来被人们公认与数学分不开的学科,如力学、物理学以及天文学等.化学虽然在历史上用数学不多,不过它离不开数学是大家都看到的.对这些学科,我们的丛书不打算多讲,我们选择的题目较多的是那些与数学的关系虽然密切,但又不大被大家注意的学科,或者是那些直到近些年才与数学发生较为密切关系的学科.我们这套丛书并不想写成学术性的专著,而是力图让更大范

围的读者能够读懂,并且能够从中得到新的启发.换句话说,我们希望每本书的论述是通俗的,但思想又是深刻的.这是我们的目的.

我们清楚地知道,我们追求的目标不容易达到.应该承认,我们很难做到每一本书都写得很好,更难保证书中的每个论点都是正确的.不过,我们在努力.我们恳切希望广大读者在读过我们的书后能给我们提出批评意见,甚至就某些问题展开辩论.我们相信,通过讨论与辩论,问题会变得愈来愈清楚,认识也会愈来愈明确.

二

大连理工大学出版社的同志看了"数学·我们·数学",认为这套丛书的立意与该社目前正在策划的"数学科学文化理念传播丛书"的主旨非常吻合,因此出版社在征得每位作者的同意之后,表示打算重新出版这套丛书.作者经过慎重考虑,决定除去原版中个别的部分在出版前要做文字上的修饰,并对诸如文中提到的相关人物的生卒年月等信息做必要的更新之外,其他基本保持不动.

在我们正准备重新出版的时候,我们悲痛地发现我们的合作者之一史树中同志因病于上月离开了我们.为了纪念史树中同志,我们建议在丛书中仍然保留他所做的工作.

最后,请允许我代表丛书的全体作者向大连理工大学出版社表示由衷的感谢!

丁石孙

2008 年 6 月

目　录

一　数学创造是什么

1.1　令人神往的字眼

直接或间接需要数学的人们,已愈来愈看重数学思想的价值,日益注重跨越数学各分支的思想、精神和方法的研究.数学有一部传奇史,它最重要的特色是充满了诱人的创造活动.

"创造"是一个十分令人神往的字眼,人们都盼望自己能进行创造,能加入创造者的行列,都盼望自己有很强的创造力,并获得创造性成果.

"创造"一词,在心理学家那里,有着许多不同的解释:有从心理的角度,也有从心理与生理结合的角度加以阐述的;有从创造过程,也有从创造过程与创造成果的结合上阐述的.说法之一是:创造就是利用大脑皮层区域已经形成的旧联系来形成新联系.

常人谈到创造,无不联想到一个"新"字,因为,没有新的东西就谈不上创造.

这些新的东西,包括新观点,新理论,新方法,新技术,新工艺,新产品,等等.

标新立异,这确实是创造性劳动的重要特征.然而,并不是凡得到新产物都称得上创造.某个观点似乎很新,但它并不正确,不符合客观实际,或者不合乎逻辑,当然不能叫作创造.某项技术看来很新,却不能应用;某项工艺也未曾见过,但比现有的工艺还要落后,自然也都谈不上创造.

所以,创造活动是指人在实践中产生新的,具有一定社会意义和科学价值的产物的过程.这个过程应具有新颖性、独创性、再现性和一定的难度.

创造过程往往不是很清晰的,有时姗姗来迟,有时突如其来,但大体也可划分为几个阶段.

美国人克雷奇等把创造过程分划为四个阶段:准备阶段,孕育阶段,明朗阶段和验证阶段.

在准备阶段,探索者认识了问题的特点,并试图用一些现成的或新撰的术语来表述;孕育阶段出现在准备阶段与明朗阶段之间,这个阶段在其性质和持续的时间上差别很大,它可能是几分钟,也可能是几天,几个星期,几个月,甚至几年;明朗阶段有时以顿悟的方式完成,有时问题被搁置了,没有在它上面做什么有意识的工作,但尔后对问题重新予以注意时,却迅速解决了问题,或至少在以前进展的基础上猛进了一步;验证乃是最后完成创造所必经的阶段.

意大利人塞利尔更细致地把科学创造划分为与人类生殖相类似的七个阶段:

(1)恋爱.这是科学创造的首要条件,是对知识的极大的兴趣、热情、欲望和对真理强烈追求的体现.

(2)受胎.这是指要学习具体知识,获得观察成果,否则,人的智慧就没有"生殖力"(即创造力).

(3)怀孕.这是指创造者在孕育着某个新思想,有时他自己也不一定意识到自己正在孕育着,新的东西正在自己脑中萌动着.

(4)痛苦的产前阵痛.当一种新思想慢慢发育成熟时,创造者常有一种不舒适的"答案临近感",这只有创造者本人才体验得到.

(5)分娩.这是新思想诞生出来的时候,它使人"疼痛",又令人欢乐,愉快.

(6)察看与检查.指像检查新生婴儿是否畸形、是否健康一样,人们用逻辑的或实验的方法来检查新诞生的思想.

(7)生活.在新思想受到考验,证明有生命力之后,它就独立生存了,也有可能被看重、被广泛采用了.

克雷奇等人的划分法与塞利尔的划分法有异曲同工之处,实际上,塞利尔所述的第(1)(2)段相当于克雷奇的准备阶段,第(3)(4)段属于孕育阶段,第(5)段对应于明朗阶段,第(6)(7)段即验证阶段.

塞利尔的划分法比较细致,同时他通过类比给人以深刻的印象,但克雷奇等人的划分法简明扼要.如果再概括一点叙述,也可将克雷奇的第一、二阶段统称为预备阶段,那么,创造过程就大致分为三个阶段:预备,明朗,验证.实际的过程则是具体的、多样的.

爱因斯坦曾说:"由没有个人独创性和个人志愿的统一规格的人所组成的社会,将是一个没有发展可能的不幸的社会."我们中国人从自己的历史、从正反两方面的教训中当能懂得爱因斯坦这段话的道理.可以说,整个人类社会的发展是与人类社会不断的创造性活动联系在一起的,这是人类文明史的主要线索.

当今,世界各国的竞争是多方面的,经济的竞争越来越重要,而这首先是智力的竞争,是教育与科技力量的竞争,是人们创造性劳动的竞争.一个人,乃至一个民族,其创造力越强,也就愈加引人注目."创造"这个字眼,岂止令人神往,它甚至与一个民族的命运联系着.

1.2 数学创造的步幅在加大

今天,人类的创造对于人类的发展起着日益显著的作用.如果我们把 1750 年人类的知识总量算作是 1 的话,那么,1900 年便是 2,1950 年就变成了 4,1960 年已达到 8.这就表明,如果说 18 世纪中叶的知识量翻一番需要 150 年的话,那么到 20 世纪中叶翻一番就只需要 10 年了.这种计算未必是精确的,也很难是精确的,但是,人类今天的创造速率是大大提高了,这是确切无疑的,每年都有成千上万项新技术涌现,每年都有成千上万篇论文发表,这是不争的事实.

数学科学的情况怎样呢?

数学作为一门科学已有数千年的历史,她在人类文明史上起着巨大的作用;作为自然科学,她乃是历史最悠久的学科门类,以学科的成熟度为标志则更是如此.

数学的历史是一部充满了创造性活动的历史.公元前,大量的几何定律被发现,欧几里得(Euclid)是集大成者,建立了宏伟的欧氏几何大厦(体系),开辟了演绎科学的新纪元,其影响延绵两千多年,波及各个自然科学领域.此间,算术、代数也在发展着.16、17 世纪,代数日益成熟,并且出现了代数与几何紧密结合的成熟时期;17 世纪牛顿

(Newton)、莱布尼茨(Leibniz)发明了微积分,此乃数学创造史上又一鼎盛时期.经过 18 世纪的蓬勃发展之后,却有人预言:数学科学新的创造将会枯竭,"认为数学的思想差不多快穷尽了"[克莱因(Kline),《古今数学思想》,第二卷,上海科技出版社,1979 年,第 384 页].1754 年,狄德罗写道:"我敢说,不出一个世纪,欧洲就将剩下不到三个大几何学家(数学家)了.这门科学很快就将停滞不前,停留在伯努利(Bernoulli)们……达朗贝尔(D'Alembert)们和拉格朗日(Lagrange)们把它发展到的那个地方."

然而,19 世纪、20 世纪的历史事实做出了回答,数学领域的创造活动不仅没有停滞,反而日趋繁荣,经过两个世纪的变化,数学科学又取得了惊人的进展,获得了丰硕的开拓性成果.继 19 世纪非欧几何、群论、集合论等方面的重大突破后,代数、几何、分析等经典数学都取得了崭新的成就,统计数学、模糊数学等也相继崛起.现在,全世界用数以百计的语言创办的数以千计的数学杂志,每年刊登数以万计的数学论文,不断充实着数学宝库.由于数学创造成果日益繁多,数学自身也分成了许许多多的部门,数学分支已在百门以上.克莱因概括地说:"从 1600 年以来,数学创造的步幅一直在加大……"

1.3　数学创造的方方面面

创造学将创造划分为艺术创造与科学创造,虽然两者之间也有一些奇妙的联系,但是分属不同的两类.数学创造属于科学创造之列,尽管有许多数学家乐于寻找其与艺术创造的相似之处.

数学中有一类是属于理论方面的创造,另一类则是利用已有的理论于实践或其他科学、技术的创造,各自创造的产物分别归于理论数学(或纯数学)与应用数学.

数学创造又可分为以开拓性为主要特征的创造和以继承性为主要特征的创造,前者的产物是开辟一个崭新的方向或领域,后者是在前人开辟的领域继续做一些添砖加瓦的工作.

20 世纪 60 年代,鲁宾逊(Robinson)创立了非标准实数,这是一项开拓性创造.随后,人们又运用这一成果建立了非标准微积分、非标准泛函分析等,甚至运用到其他科学,如建立非标准力学.相对于非标准实数的开拓性创造来说,非标准泛函、非标准力学等创造就具有继承性.

20世纪60年代,美国数学家查德(Zadeh)创立模糊集合论,这是一项开拓性创造.随后又有人建立起模糊测度、模糊拓扑等.两相比较,前者的开拓性特征和后者的继承性特征都是明显的.

当然,所谓开拓性创造并不是说没有任何意义上的继承.从某种意义上说,非标准实数是对标准实数的继承,模糊集合论是对经典集合论的继承.

同样,所谓继承性创造也不是说没有任何意义上的开拓.事实上,凡创造都具有一定程度的开拓性,只是相对前期开拓性成果而言它具有较明显的继承性罢了.

还有一类工作,仅是将现有的定理或公式加以改进,或者是在同样的条件下得出更强的结果,或者在更弱的条件下得出同样的结果,或者是将定理的证明或计算的程式大大简化了.这些也是一种创造,虽然比起那些开创性成果来,这是低一层次的创造.但这种创造同样是不可轻视的.一方面是因为这种创造也是有意义的;从另一个角度来说,一个人在取得重大成果之前,往往也经历这种低一层次的创造(一些大数学家亦有此种经历).

鲁宾逊的非标准实数理论是严密的,但由于它用到现代数理逻辑的一些艰深知识,致使其他领域的许多数学家不愿问津.后来,经过1970年美日学者的进一步改进,建立了非标准实数的另一种方法,变得跟康托尔(Cantor)在有理数集基础上建立(标准)实数理论的方法相近了,这样,非标准实数也就变得易于为人们所接受了.

这种具有改进性质的创造的意义还在于,那些关键的理论、定理、定律、公式被反复推敲,反复改进后,变得越来越简明,越来越清晰,人们对它们的认识也越来越深刻,知识的可传授性也大大增强.这类创造是数学创造的有机组成部分.许多大数学家也并不忽视这类工作.

代数基本定理,应当说是由高斯(Gauss)首先严格证明的.那么,发现和论证之后,创造性工作似乎至此就完结了,但高斯本人没有忽视进一步的"敲打"工作,他先后给出了代数基本定理的五种不同证明方法.高斯又首先严格证明了数论中的二次互反律,并且随后还给出了四种证明方法.这两个定理,除高斯外,还有众多的人参与研究,尤其是二次互反律,人们给出的各种不同证明方法总共五十多种.

理论上的创造与方法上的创造,当然也是不同的,但两者又有密切的联系.理论上的突破往往伴随着方法上的重大发现,方法上的突破往往给理论的发展和延拓带来深刻的影响.因此,方法上的创造是不容忽视的.

康托尔曾以为实数集会像有理数集一样是可数的,但他很快就转向实数集的不可数性的研究,并且跨出了建立超穷数理论的关键的一步:证明了实数集的不可数性.这里,既有理论上的创造,又有方法上的创造,二者相伴而生.康托尔在此首创了对角线方法.这种方法上的创造,现在看来似乎也不算复杂,但其意义却是重大的,这种方法在许多方面被运用、借鉴.在数学基础研究及逻辑史上具有划时代意义的哥德尔(Gödel)不完备性定理就曾借鉴这一方法.

在理论创造方面,有主要通过归纳而产生基础理论(如公理系统)的重大创造,也有主要通过演绎而在已有理论体系下做出新发现的创造.

谈到数学创造,我们自然想到其成果就是有关数学的新体系、新理论、新方法、新概念、新定理、新技巧、新公式等,还有新的应用.但有一个方面的创造不易为常人所注意,那就是数学符号本身的创造.不错,符号的创造不会脱离理论和方法等去孤立地进行,但符号本身的创造也应引起我们的关注.

$1,2,3,4,5,6,7,8,9,0$ 这十个阿拉伯数字,今天我们看来是很平常的,很不起眼的几个符号.然而,实际上,这几个符号的创造具有重大的意义,其产生亦并非易事,尤其是"0"这个符号的产生.

罗马数字也是十个:Ⅰ,Ⅱ,Ⅲ,Ⅸ,Ⅴ,Ⅵ,Ⅶ,Ⅷ,Ⅸ,Ⅹ.但这十个号码中还没有零.这一套符号就远不如阿拉伯数字优越.让我们看一个例子.

235 与 4 相乘,使用阿拉伯数字演算,是一个很简单的式子:

$$\begin{array}{r} 2\ 3\ 5 \\ \times)\quad\ 4 \\ \hline 9\ 4\ 0 \end{array}$$

如果使用罗马数字,首先,表示 235 的是 CCⅩⅩⅩⅤ,表示 4 的是Ⅳ,235 乘 4 的演算式子就是：

$$
\begin{array}{r}
\text{CC X X X V} \\
\times)\ \underline{\hspace{8cm}\text{Ⅳ}} \\
\text{CCCCCCC X X X X X X X X X X X V V V V}
\end{array}
$$

先将上述结果改写为

$$
\text{DCCC C XX \quad XX}
$$

然后再将这一结果缩写为 CM X L.

两相对照,罗马数字之累赘和阿拉伯数字之简捷,十分明显.

阿拉伯数字创造的意义由上例还不足以看出.法国著名数学家、天文学家拉普拉斯(Laplace)曾盛赞阿拉伯数字:"用不多的记号来表示全部的数的思想,赋予它的除了形式上的意义外,还有位置上的意义,它之所以如此绝妙,正是由于这种令人难以置信简易性(带来的方便).以伟大的希腊天才学者——阿基米德(Archimedes)和阿波罗尼(Apollonius)——未能发现这种思想为例,我们可以明显看出其引进是多么不易."在古代数学家中,高斯最敬佩阿基米德,可是高斯也对阿基米德未能发明十进位制及其表示法感到遗憾,高斯说:"令人不解的是,他怎么会没有看出这一点,假如阿基米德能做出这个发现的话,那么现在的科学该处在多么高的水平上呀!"高斯讲的是一件具体的事,却实际上从侧面阐明了符号的巨大作用.今天,由于阿拉伯数字的有效性、先进性,它已被全人类所采用.

牛顿和莱布尼茨分别独立地创造了微积分,同时,他们也分别独立地创造了不同的微积分符号.牛顿用点表示微分,莱布尼茨用 d 表示微分,后来分别被称为"点派","d 派".后来的历史做出了判定:莱布尼茨的符号促进了数学的发展,牛顿的符号却阻碍了发展(例如曾一度影响英国数学的发展),"d 派"源远流长,"点派"早已结束.

16 世纪到 17 世纪,代数中的文字系数正式被创造出来.当没有这种文字系数时,关于一元二次方程的根的一般性讨论要写上两百页纸,而在创造了这种文字系数之后只要一页纸就够了.我们甚至可以说,没有这种创造就不会有后来的群论,不会有近世代数.

人们非常重视符号的创造,因而也给那些在符号创造上有功绩的数学家授以殊荣,莱布尼茨、欧拉(Euler)就被誉为"符号大师",他们也当之无愧.

1.4 发现还是发明

数学的内容是丰富多彩的,这正是古往今来人类丰富多彩的创造的结果.数学创造的类型,可以根据这些结果体现出来的不同水平、不同层次来划分;可以根据性质的不同、范围的不同来划分;可以根据方法的差异、创造途径的差异来划分……然而,关于数学的创造究竟是发现的还是发明的,要划分清楚却颇不容易,数学界长期存在不同的看法.

蒸汽是被发现的还是被发明的? 发现的,因为客观世界本存在着蒸汽,人们只是去发现它,并非发明它.蒸汽机是被发现的还是被发明的? 发明的,因为蒸汽机出现之前,客观世界中并没有一部现存的蒸汽机摆在那里.

电是被发现的,然而,电动机、电灯、电话、电报……却是发明的.

原子是被发现的还是被发明的? 原子弹是被发现的还是被发明的? 对这两个问题的回答也容易明确地做出.

客观世界的实际事物,在人们认识它之前业已存在,后来被认识了,如电子、原子、细胞、氢、氧……它们被人发现了,这种发现当然也是创造,在一定条件下也是了不起的创造,但这不是发明.客观世界中本无对应的实际事物或现象,却被人们依据一定的规律、依靠一定的手段创造出来了,这是发明.

"0"这个符号是发现还是发明? 这个问题恐怕不是那么容易回答的.

也许有人会说"0"当然是被发现的,而且是很容易发现的.且慢,让我们作一番考察后再说.

在回答"0"是否是被发现的之前,我们应当首先指出它的出现就是不容易的.实际上,零被认识得特别晚,比一、二、三、四……要晚得多.至于符号"0"的出现则更晚,它产生于公元 9 世纪(有一说是在 6 世纪)."0"出现之前,在我国曾用空格、□或○,在欧洲曾用·.中国创造的思想和记号都是很先进的,但在记号上未出现"0".事情可不简单,罗马教皇还曾宣布:"数是上帝创造的,不允许这个邪物'0'玷污神圣的数."如前所述,罗马数字中确实还没有"0".

客观世界中本就存在着"0"的对应事物或现象吗? 让我们看一个

事例.

——你有多少钱? 答:0 元.

——你每月能结余多少钱? 答:0 元.

——你打算储蓄多少钱? 答:0 元.

这三个问题的回答都是一样的:"0 元". 但分别对应的含义是不一样的. 当你回答第一个问题时,"0"是指你两手空空,一分钱也没有;当你回答第二个问题时,"0"不是指你没有钱,而是指钱刚好够花,只是没有结余的;当你回答第三个问题时,"0"既不是指你有钱,也不是指没有钱,而是指:即使你有很多的钱,但一元钱也不愿储蓄. 同一个"0",在三个不同的场合含义各不相同:一个指根本没钱;一个指钱刚刚够用;一个则指可能有许多钱但一点也不愿放到银行去.

我们看到,"0"在现实世界中反映着极其丰富的内容. 同时,它在数学世界里也有极其丰富的表现力. a^0,$0!$ ……都有各自的含义.进位制纵然有许多种,但任何进位制都少不了"0","0"占有特殊的地位."0"出现后对后世产生了极大的影响,表现出极强的生命力. 零点、零集、零元、零向量、零函数、零环、零代数等概念纷纷出现.

"0"是发现的还是发明的? 从它的历史及其所包含的丰富内容来看,单说它是被发现的就不能令人信服. 又从它确是现实世界中许多事实的反映来看,单说它是被发明的也不尽然. 我们可以这样说,"0"是以发现为基础的,但它是一个了不起的发明. 正如,电灯、电话……是以(电的)发现为基础的一个个了不起的发明一样,它们是那样方便地供人使用;"0"也是那样方便地供人使用着."□""○""·"等也都是发明,然而,"0"是更为高明的发明.

数学是发现的还是发明,很久以来,的确存在着两种截然不同的观点.

一种观点认为,数学家发现的现实与物质的现实同样可靠,真理不是他们创造的,而是大自然先天固有的. 从柏拉图(Plato)到克罗内克(Kronecker),许多人认为,简单算术中所包含的整数和更深奥的数论定理中的整数,和天文学家发现的行星十分相似,都属于发现,而整数就是一切.

另一种观点则强调数学创造是一种发明,因为,任何数学系统都建立在一组公理上,但在一般情况下究竟采用哪些公理,还有一个选择的因素;欧几里得几何选用了五条假设作为公理,然而,黎曼(Riemann)选用了不尽相同的另外一组公理,得出比欧几里得空间更符合物理现实的几何;此后,其他数学家又发明了另外一些几何学,它们都是完美无缺的数学. 这里,都有一个选择和约定的因素,都是发明,而不是对现实的被动发现.

实际上,还存在着第三种观点,认为数学创造既是发明的,又是发现的,只是在有的情况下像是发现的,在多得多的情况下更像是发明的.

微积分作为一种理论和计算技术,是发明;但一条曲线的斜率(微分)和它下面的面积(积分)这些相关的数学现象,却又是和实际事物对应的,因而是发现.一个定理可能是发现的,但是它的证明往往是发明的.一个系统可能是发明,但是这个系统形成之前已有的那些零星事实可能是发现的.群论可以看作是具有某些性质的集合的抽象概括,是发明的概念,但它又是物理学家用来揭示宇宙重要现实的语言[费多洛夫(Fedorov)等人于 19 世纪末证明了全部的结晶体群或空间群总共 230 个].爱因斯坦(Einstein)曾觉得他是根据事实发明了相对时空的概念,可是他又觉得在做这件工作时是发现了现实的一个方面.许多数学家也有类似的感觉:"在战壕里我们都是柏拉图主义者",但每当展开讨论时仍然要问:"你是发现还是发明?"

数学创造的复杂过程实际上是主、客观达到统一的过程,是发明与发现的结合.发明也罢,发现也罢,我们都应该珍惜.数学有一种"特异功能",它做出一种发明,很久很久以后与之相应的事物或现象才被发现,这种"特异功能"是显微镜、望远镜等具有的发现功能所不可比拟的.

1.5 数学创造的天地有多宽

数学的天地有多宽阔,数学创造的天地就有多宽阔.

我国数学家华罗庚曾这样描述数学的普遍性:"宇宙之大,粒子之微,火箭之速,化工之巧,地球之变,生物之谜,日用之繁,无处不用数学."

苏联数学家亚历山大洛夫(Alexandrof)对数学的广泛性也作过一番叙述:"第一,我们经常地、几乎每时每刻地在生产中、在日常生活中、在社会生活中运用着普通的数学概念和结论,甚至并没有意识到这一点.第二,如果没有数学,全部现代技术都是不可能产生的.最后,几乎所有科学部门都多多少少很实质地利用着数学."

数学是如此广泛地存在着,反映在教育上是这样一种现象:很少有大学不设置数学专业,几乎每所大学都有一个数学教师群体;至于中学,没有任何一所能不开设数学课程.衡量任何一个国家基础教育的质量,最重要的是看两门课程:一是本国语文,一是数学.

有的国家甚至将数学视为国学,其国家之发展深得其益.数学也为任何现代公民自身之发展所必需.

有数学家说:数学是科学之王;更有哲学家说:大自然是一个书本,这个书本就是用数学写成的;还有一些人认为,天地日月星辰,都是按数学公式运行的.也许,这些话的哲学意味太浓了;或者,这些话讲得有些玄乎,但是,数学的广泛性及其重要地位是无可争议的.任何人想跨入任何一个科学技术领域都不能不认真地同数学打交道.

数学是如此广泛地发展着,而且我们在1.2节中曾断言,数学发展的步幅还在不断加大.

新的数学课题不断涌现,旧有的课题也是不宜轻易得出"快要枯竭"的结论.人类对认识最早、最为熟悉的自然数,尽管已研究了很久很久,研究了很多很多,但对其性质的认识仍存许多不解之谜.这块最古老的数学园地尚且还需要人们孜孜不倦地耕耘,更不要说众多的新兴领域了.

数学应用范围的扩大已成为社会进步的标志之一.恩格斯在18世纪对数学应用状况的那种描述,其中包括生物学对数学的应用"等于0"的局面早已不复存在.物理学是那样亲密地同数学连在一起(物理的某些领域其主要工作就在于数学),化学紧跟其后,生物数学也得到了长足的进步.

马克思有过一个著名的论断:"一种科学只有成功地运用数学时,才算达到真正完善的地步."(《回忆马克思恩格斯》,人民出版社,1973年)数学经过了一个多世纪的发展,进一步证明了马克思论断的正确性.这一论断对社会科学是否例外？我们这就来看看数学向社会、人文科学渗透的情况.

1. 数学向教育学的渗透

教育学仅包括定性的分析工作已经很不够了,对教育现状需要进行统计分析,对教育试验需要进行正交设计、统计检验,数理统计学的许多基本概念与参数被教育学研究所采用.不仅从事教育研究与教育管理工作的人需要数学,而且,数学已直接进入教育专业的教学内容,任何一个有关教育学科专业的学生都必须学习高等数学和统计数学,必须学习算法语言和电脑操作.至于将计算机引入教育管理,则已经是相当普遍的现象了.

2. 数学向文学的渗透

英国文艺复兴时期的大诗人莎士比亚(Shakespeare)写过许多剧本和诗歌,其中有"十四行诗"150多首.19世纪英国优秀的数学家西尔维斯特(Sylvester)就利用数学方法对莎士比亚的十四行诗进行过研究.20世纪,英国又有人利用计算机的逻辑判断功能推测莎士比亚尚有未发表过的著作.美国人倍尔运用数学方法计算了诗歌的各种押韵方式.我国有的大学曾在利用计算机研究《红楼梦》方面取得了进展.运用数学方法对词汇、句型进行分析,有助于对作家及其文体风格的特征做出更准确的判断.

3. 数学向语言学的渗透

数学与语言学的结合产生的新兴学科——数理语言学,计算语言学,已经有数十年的历史了.起初是用概率论与数理统计的方法进行语言研究,随后,出于对传统的语言学进行严格逻辑分析和演算的需要,把演绎方法引入语言学,从而建立了以一般的抽象符号系统为对象的代数语言学.计算语言学是语言学研究与计算机应用的更紧密的结合,它包括运用计算机进行语言、语法、语义的分析,并进行字典和词语书籍的编纂工作和机器翻译.语义学的研究与集合论、数理逻辑的研究密切相关.利用数学研究语言学、语义学、语音学的前景十分广阔.

4. 数学向历史学的渗透

把数学方法引进历史学从而产生了一门非常有争议的学科——

史衡学(Cliometrics).历史研究大体可分为两类:一类是考证的,对历史人物、历史事件、历史上存在的制度等进行考证;另一类是对历史的发展和演变,包括社会制度、经济、政治、思想、文化等方面演变的规律进行探索.由于数学方法的引进,历史研究就不再停留在定性分析和描述性的论述上了.历史的逻辑与数学的逻辑相结合,使历史科学更加精确化、科学化.《历史研究中的数学方法》在一些学校(如莫斯科大学)已成为独立的课程.

5. 数学向经济学的渗透

数学与经济学的结合,其历史要比上述学科早得多.18世纪上半叶,古诺就发表了《财富理论的数学原理之研究》一书.古典政治经济学的创始人威廉·配第(William Petty)在建立自己的经济学说过程中进行了大量的计算工作.马克思在创立自己的学说时也使用了数学方法.至于当今的经济学家,如果不懂数学几乎是难以存在下去的(我国老一辈的经济学家曾语重心长地叮嘱下一代经济学家努力学习数学).经济学家之中有的还要直接从事部分的经济数学研究工作.运用数学建立经济模型以预测和估量经济的发展,运用数学寻求经济管理中的最优方案,运用数学方法组织、调度、控制生产过程,从数据处理中获取经济信息等方面的研究,使得代数学、分析学、运筹学、概率论和统计学等数学理论大量进入经济科学,并且反过来也促进数学的发展和创造.1982—1983年,戴勃罗(Debreu)因经济学方面的成就获诺贝尔奖,然而他的主要工作却在数学方面.有这样一个统计:1969年至1981年获得诺贝尔经济学奖的13位科学家中有超过半数(7位)的人主要是由于数学方面的工作而取得成功的.有些经济学家,例如洛伦斯·克莱因(Lawrence Klein),就直截了当地把经济学说成是数学的一部分.这里主要指的是应用最优化方法、对策论、线性规划以及物价平衡的数学模型.苏联数学家康托洛维奇(Канторович)被公认为最优规划理论的创始人,现代经济数学理论的奠基人.

6. 数学向艺术的渗透

数学与音乐结合的历史最为悠久.早在两千多年前,毕达哥拉斯(Pythagoras)就研究了音乐中的数学,希腊数学家欧几里得、托雷米(Ptolemy)都有过这方面的著作.在那个时代,音乐实际上被视为数学科学的一部分.那时的数学包括四大科:算术、几何、天文、音乐.亚历山大里亚时期,数学科学也包含音乐,其分科是:算术(数论)、几何、力学、天文学、光学、测地学、声学与应用算术.从那时延续下来的音乐与数学相结合的主题,经过中世纪,一直相传到近代、现代,许多杰出的数学家参与这一主题的研究,他们之中有笛卡儿(Descartes)、惠更斯(Huygens)、伯努利(Bernoulli)、欧拉(Euler)、赫姆霍兹(Helmholtz)等.其中欧拉写过一本在音乐家看来太数学化、在数学家看来又太音乐化的书.

数学还应用于考古学,考古不只是发掘物证,它更多的工作在解释物证,而这就需要数学.

数学应用于人口学,如随机模型被用来描述人口分布(与面积)的状况等.

数学应用于社会学,如亲属关系的结构已经可用置换群的理论来加以说明.

总之,数学对社会科学的应用范围已越来越宽阔,地位越来越重要.

人类进入公元之后已经届满两千年了,人们看到,数学创造的题材,其广阔性仍然胜过任何一门学科.

有位数学家预言:"只要文明不断进步,在下一个两千年里,人类思想中压倒一切的新事物,将是数学理智的统治."(斯蒂恩主编,《今日数学》,上海科技出版社,1982年,第38页.)

1.6 数学是什么

数学创造是令人神往的,五彩缤纷的创造活动一幕幕演出,数学创造的种类繁多,数学创造的天地广阔无涯,数学创造的步幅在加大.数学同人类一起生活已经数千年了,数学几乎无所不在,"数学是什么"还是一个问题吗?

每一位数学家都知道自己是在从事数学研究工作,然而对于"数学是什么",却有着许多不同的看法,有时相去甚远.

不要说对于"数学是什么",就是对于"1是什么"也有几种不同的看法.有的把"1"看作是某一类集合所共有的一种属性;有的把"1"看作是某个系统中的一个纯粹的符号;有的把"1"看作是在逻辑学的基本概念和基本命题下派生出来的,甚至花了三百多页书才完成推导出"1"的任务;也有许许多多的数学家干脆就不去理睬"1 是什么"这个问题.

对于"数学是什么"的不同回答,在近代形成了不同的数学学派.

逻辑主义学派认为:数学无须任何自身特定的概念,只需由逻辑的概念导出数学的概念(例如"1"就是被导出的);数学的命题也只需由逻辑的命题出发用纯演绎的办法推理出来.亦即,整个数学是由逻辑学所派生出来的,数学只是逻辑学的一个分支.逻辑主义学派的主要代表罗素(Russell)和怀特海德(Whitehead)在《数学的原理》一书中说:"纯粹数学是所有形如'p 蕴涵 q'的所有命题类."

直觉主义学派认为:数学只能是建立在一种结构性程序上的,任何数学对象都必须有构造步骤或判断准则.他们承认 $1,2,\cdots,n$,这个 n 可以是任何自然数,但他们不承认"全体自然数"是个实在概念,他们不承认实在无穷.据此,他们对排中律、反证法在数学中的应用都有与众不同的看法.

形式主义学派认为:数学对象就是符号本身,数学的命题则是由一定法则组成的符号系列,这些符号和符号系统可能有直观的含意,但这些含意并不属于数学.数学本身就是一堆形式系统,各系统建立各自的逻辑,同时建立自己的数学,各有自己的概念,自己的公理,自己的演绎法则以及由此而产生的定义和定理.现代形式主义学派代表柯恩(Cohen,美国数学家)认为,数学应当被看作一种纯粹的纸上符号游戏,对这种游戏的唯一要求就是它不会导致矛盾.

尽管以上各学派对于"数学是什么"的回答都有片面性,都曾遇到过麻烦,但是他们的研究又都曾产生过积极的作用,从不同的侧面推动了数学的发展,各学派的主要代表都对数学的发展做出了重要的贡献.看来,对于"数学是什么"这个问题认真而深入的研讨并非无谓的争辩.

究竟数学是什么,对于这个问题,也曾有人建议:与其笼统回答,不如从数学的特性、对象、方法等诸方面的某个方面来具体回答;也还可以再根据数学的几大门类(如经典数学、统计数学、模糊数学等)来分别回答.

从数学研究的对象来说,一百多年前恩格斯提出了如下见解:"纯数学的对象是现实世界的空间形式与数量关系."恩格斯的概括是深刻而准确的,然而,一个多世纪以来,数学研究的对象似乎远离了一般的空间形式和一般的数量关系,数学的抽象性和应用性向两个极端几乎同时有了巨大的发展,数学这棵大树,其枝、叶似乎远离了根部,但其根部也延展到了更深的层次、更宽的地域.根据一百多年的变化,徐利治教授认为数学是"实在世界的最一般的量与空间形式的科学,同时又作为实在世界中最具有特殊性、实践性及多样性的量与空间形式的科学."

对于即将投身于数学创造的人们,我们应当说,掌握辩证唯物主义的基本观点是重要的,这将大大有利于我们的创造活动.

二　数学创造的智力因素

一提到智力因素,不少人以为就是先天的.我们主要讲的是后天的,是可以培养的智力因素.

2.1　创造从发现问题开始
——创造的智力因素之一:观察力

1.创造如何从观察开始

有一直角三角形的三边长分别是5、4、3,而且当拿这么三个长度的边一拼起来时也必定构成一个直角三角形.那么,5、4、3这三个数之间有什么关系呢?这需要观察.

最直接的观察可知:5、4、3是三个连续整数.但你拿另外三个连续整数4、3、2或6、5、4作边长而构成三角形时,所得并非直角三角形.

另一个观察结果是:5、4、3为等差数,但是,6、4、2和7、5、3都为等差数,而拿它们却拼不成直角三角形(拿6、4、2甚至拼不成三角形).

实际上,5、4、3之间通过加、减、乘、除都很难看出有什么联系.让我们进一步观察,将它们各自自乘:$5 \times 5 = 25, 4 \times 4 = 16, 3 \times 3 = 9$,这三个数之间有何关系? 于是我们看出:

$$5^2 = 4^2 + 3^2$$

13、12、5这三个数之间也有类似的关系:$13^2 = 12^2 + 5^2$,以它们为边长的三角形也会是一个直角三角形吗? 果真是.

由上面的观察可以得出一个普遍的结论吗? 当 $a^2 = b^2 + c^2$ 时,以 a、b、c 为边做成的三角形就是直角三角形吗? 反之,直角三角形的三

边是 a、b、c 时就必定会有关系式 $a^2 = b^2 + c^2$ 吗？

观察使我们提出了问题,而问题本身就是有一定价值的.让我们继续做一些观察.

将 $a^2 = b^2 + c^2$ 写成 $x^2 = y^2 + z^2$ 是无关紧要的,只是笛卡儿当初习惯上把 a、b、c 当作已知的,而把 x、y、z 当作未知的.从等式 $x^2 = y^2 + z^2$ 有没有整数解来说,它相当于这样一个问题:一个整数的平方可否分解成另外两个整数的平方和？

显然不是任何整数都可这样分解的,例如,你就不能把 6、7、8、9 等的平方写成另外两正整数的平方和.那么,有多少个整数可以这样分解呢？ 我们看到了"5",看到了"13"……我们还能看到什么？

如果耐心一点,多计算一下,还可观察到"17","25","29","37","45",…也是这样的数,试看 $17^2 = 15^2 + 8^2$,$25^2 = 24^2 + 7^2$,$29^2 = 21^2 + 20^2$,$37^2 = 35^2 + 12^2$,$45^2 = 36^2 + 27^2$,….

要观察得更深入一些,我们得停下来想一下:这样能分解的整数究竟有多少？ 有无穷多个？ 如果是无穷多个的话,有什么办法把它们求出来？

假如有兴趣的话,还应当换一个角度观察,让指数 2 变动一下:

$$x^3 = y^3 + z^3$$
$$x^4 = y^4 + z^4$$
$$\cdots$$

有没有正整数解？ 跳到更一般的情形,当 n 为任一自然数时,不定方程

$$x^n = y^n + z^n$$

有没有正整数解？［这就成了著名的费马(Fermat)问题.］

我们还可再换一个角度看:

$$x = y^n + z^n (x > 0)$$

有没有整数解？ 如果嫌这个问题太一般了,又可以回到简单的情形,从简单之处开始观察:$x = y^2 + z^2$ 有没有整数解？ 或者换句话说:一个自然数 x 能否分解为两自然数之平方和？

13,17,29,37,53,61,73,89,97,…这些数都可分解为两整数之平方和.25 当然也是这种数,但我们前面列举的都是素数.细心观察一

下就能发现这些素数减去 1 之后都能被 4 整除,即它们都是形如 $4m$ $+1$ 的素数;再细心一点观察也许你还能提出一些新问题,甚至看到一些结论的曙光.

容易观察到,3、6、7、12、14 等整数都不能分解成两个整数的平方和,虽然如此,但它们却可以分解为多于两个的整数之平方和:

$$3 = 1^2 + 1^2 + 1^2$$
$$6 = 2^2 + 1^2 + 1^2$$
$$7 = 2^2 + 1^2 + 1^2 + 1^2$$
$$12 = 3^2 + 1^2 + 1^2 + 1^2$$
$$14 = 3^2 + 2^2 + 1^2$$

……

这些观察给人以这样的印象:每一个正整数都可以分解为不超过四个整数的平方和. 再往下看一看:

$$15 = 3^2 + 2^2 + 1^2 + 1^2$$
$$18 = 3^2 + 3^2$$
$$19 = 3^2 + 3^2 + 1^2$$

……

我们可提出一个问题了:"任一正整数分解为两个整数的平方和"的命题是不成立的,但"任一正整数分解为若干个整数的平方和"的命题是肯定成立的,而且,这"若干个"是不是有个限度呢? 这限度是不是正好就是 4?

再往下问:任一自然数能否分解为若干个非负整数之立方和? 看来是没有问题的. 但这里的"若干个"也有没有一个限度呢? 限度是多少?

从事数学创造,就必须耐心地观察,并伴之以"打破砂锅问到底"的精神:对任给的自然数 n,是否存在自然数 $r = r(n)$,使得任一自然数 N 可分解为不超过 r 个自然数的 n 次幂之和:

$$N = x_1^n + x_2^n + \cdots + x_r^n?$$

这个数 r 如果存在的话,那就会不止一个,我们当然对其最小者 $\min_r r(n) = g(n)$ 更感兴趣. 本段所叙述的这些问题,人类从古至今在观察着. 最后一个问题是著名的华林(Waring)问题,华林猜想 $g(2) =$

$4, g(3)=9, g(4)=19, g(5)=37$. 我国杰出的数学家华罗庚、陈景润等在解决华林问题过程中做出过卓越贡献. $g(5)=37$ 为陈景润 1964 年所证明.

从认识发展的全过程看,华林问题研究过程中的创造,自然也始于观察.

数学的创造从发现问题(自己发现或别人发现)开始,而发现问题是离不开一定的观察与思考的.

2. 观察,观察,再观察

英国科学哲学家波普(Popper)认为科学创造的图式是

$$P_1 \rightarrow TT \rightarrow EE \rightarrow P_2$$

即问题Ⅰ→试探性理论→消除错误→问题Ⅱ. 他认为"科学只能发端于问题".(《科学发现的逻辑》,参见《自然科学哲学问题》1981 年第 2 期).

如前所述,问题的发现与观察联系在一起. 观察是有意知觉的高级形式,它与有意注意结合在一起,与思维相联系,与意志也密切联系. 事实上,观察是主动地把注意力集中到观察对象,在观察的同时又进行思索,并常常需要聚精会神和克服困难. 观察与注意、思维及意志等联系在一起而发现问题. 所以,创造发端于问题,问题又往往发端于观察. 观察不只在创造之始需要,在建立了试探性理论之后还需要继续观察. 甚至在各种思维过程中也要穿插着观察. 正如巴甫洛夫(Павлов)的那句名言:观察,观察,再观察.

应当指出,在数学问题的某些环节上,问题可以逻辑地提出而并非直接建立在观察的基础上. 还应当指出,数学中的观察并不狭义地指直观的考察,不光用肉眼去察看. 从第一段的例子我们已经看到,观察需要眼、脑并用,而且我们所观察的对象并非都具有某种直观的形象.

3. 从平常中观察到异常

观察力的强弱直接影响到创造力的强弱. 科学家的观察力之强在于他们常常能从万里晴空中发现一片云朵,从平静的湖面发现一片荡漾的涟漪,从平常中观察到异常.

绘图着色是一件平常的事. 绘世界地图,不同的国家涂上不同的颜色,以示区别;绘一个国家的地图,不同的省、市也涂之以不同的颜色;一个省的地图也用多种颜料着色以区分不同的县市.唯一的要求是:相邻的地区或国家涂以不同的颜色.

简单的地图少用几种颜色,复杂的地图多用几种颜色,这不是很平常的事吗? 但是,一位英国大学生古斯里(Guthrie)却在这个平常的事情中观察到:似乎只要四种颜色就足以给任何复杂的地图着色了.这里需要有两条约定:一是每个国家或地区必须连成一片(或者我们做这样的假设),二是两个国家仅相交于一点不算相邻国家.

例如,图 1 中,A、B、C、D、E 表示五个国家,这五个国家中,A 是由两块不连成片的地方组成的,此时,大家可以看到,A、B、C、D、E 中的每个国家都与另外四个国家相邻,因此,不可能做到只用四种颜色就足以将所有相邻的国家区分开来.

如果仅相交于一点也算相邻的话,那么在图 2 中的 6 个国家 A、B、C、D、E、F 中的任何一国都与其他 5 个国家相邻,这样,岂不是 5 种颜色还不足以把这些相邻的国家区分开来了.

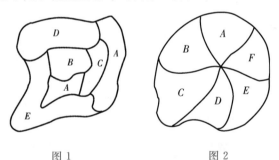

图 1　　　　　　　　图 2

有了上述两条约定之后可否断言:任何复杂的地图只要四种颜色就足够了呢? 这就是著名的四色问题.

这是从平常事件中观测到的现象.此外还只能作为一个问题呈现在我们面前,但这个问题却是异乎寻常的.四色问题的提出本身就是一个创举.这个问题在提出 120 多年之后于 1976 年由美国数学家所证明.

奇数,偶数,这是多么平常的概念.可是哥德巴赫(Goldbach)却从其中观察到一种奇特的现象:从 6 开始,$6=3+3,8=3+5,10=7+3,12=7+5,14=7+7$ 或 $11+3,16=11+5$ 或 $13+3,\cdots$.这些偶数都能分解成一个素数加一个素数(简称"1+1").是不是所有大于 4 的偶数都能表成"1+1"呢？这就是著名的哥德巴赫问题（哥德巴赫问题的最初形式与此略有不同）.

至此，我们看到，以上三大数学难题的提出都是与观察分不开的，这些问题的提出者共同的可贵之处在于：他们能从平常之中观察到异常.

"从平常之中看到异常"这是科学创造中十分可贵的品格，这样的典范数不胜数：水开后水壶盖被蒸汽冲动这样常见的现象却引起瓦特（Watt）深思；从狗见食物流唾液这样平常的现象中巴甫洛夫（Павлов）引出了高级神经活动的条件反射学说；青霉素的发现者弗莱明（Fleming）说"我的唯一功劳是没有忽视观察"……

对周围的事情很容易"习以为常"，对自己身边发生的现象采取冷漠态度，一切都看得很平淡，就不会有深入观察的兴趣. 支撑观察兴趣的是好奇心，在常人容易忽略的地方，好奇心强的人能看出其奇特之处、异常之处. 好奇心像一扇窗户，让它常开着，观察就不会停止，创造的源泉将永不枯竭.

4. 观察与意志

从平常中观察到异常，这不仅需要观察的敏锐性，而且要有耐心，要有意志力.

让我们来看一个实例.

考虑一个自然数 n 所含的因数，并且将 n 的各因数之和记为 $\sigma(n)$，还约定每个自然数自身和 1 皆为其因数. 例如，6 的因数是 1，2，3，6，且 $\sigma(6)=1+2+3+6=12$. 7 除其自身和 1 之外没有别的因数，故 $\sigma(7)=8$；事实上，对于所有素数 n 均有 $\sigma(n)=n+1$. 不难验算，$\sigma(8)=15$，$\sigma(9)=13$，$\sigma(10)=18$，$\sigma(11)=12$，….

$\sigma(n)$ 是一个重要的函数，借用它，我们从一个侧面来说明人类对自然数的观察有多么持久，多么深入，又多么有耐心.

使得 $\sigma(n)=2n$ 的自然数 n 是很特别的，此时，n 的所有因子（除开它自身）之和正好等于它自己. 例如 6，$\sigma(6)=2 \cdot 6$. 又如，28 的因子有 1，2，4，7，14，其和恰为 28，亦即 $\sigma(28)=2 \cdot 28$. 使得 $\sigma(n)=2n$ 的数称为完全数或完美数. 如果 $\sigma(n)<2n$，则 n 叫短缺数，例如所有的素数都是短缺数；如果 $\sigma(n)>2n$，则 n 叫盈余数，例如，因为 $\sigma(12)=28>$

$2 \cdot 12$,故 12 是盈余数.这样就通过函数 $\sigma(n)$ 将自然数划分为三类了:完美数,短缺数,盈余数.

人们对完美数的兴趣是很自然的.对完美数的观察从古代(毕达哥拉斯时代)起,一直延续到现代,到今天.最早观察到的一批最小的完美数是 6,28,496,8128.然而到 1972 年止,还只发现 24 个完美数.寻找更大的完美数颇不容易.

已发现的完美数全都是偶完美数,偶完美数与著名的默森(Mersenne)素数有密切联系.至于是否存在奇完美数,至今还是个谜,完美数是否有无穷多个,也还不知道.延绵数千年,我们对完美数的观察虽花了很多工夫却仍很不"完美".

把视野再放宽一点,人们去观察多倍完美数:如果 $\sigma(n)=kn$,则称 n 为 k 倍完美数.2 倍完美数即通常的完美数.120 是一个 3 倍完美数,因为 $\sigma(120)=360$.容易验证

$$2178540 = 2^2 \cdot 3^2 \cdot 5 \cdot 7^2 \cdot 13 \cdot 19$$

进而易验证 $\sigma(2178540)=4 \cdot 2178540$,亦即 2178540 是一个 4 倍完美数.

人们从另一端又观察所谓半完美数,指的是那样的数:其全体因子(除自身外)之和虽不等于自身,但其部分因子之和等于自身.例如,12 的因子有 1,2,3,4,6,它们之中的一部分(如 2、4、6)之和等于 12,故 12 是半完美数.18,20,24 等都是半完美数.

任何完美数都是半完美数,反之不然.不是完美数的半完美数必是盈余数.盈余数多半是半完美数,不是半完美数的盈余数被叫作怪数.最小的三个怪数是 70,836,4030.怪数似乎很稀罕,但能证明它有无限多个.

20 世纪最优秀、最高产的数学家之一爱尔多斯(Erdös,他写了一千篇论文,与之合作者数以百计)曾悬赏 10 美元求第一个奇数怪数,悬赏 25 美元证明不存在奇数怪数(Erdös 常常爱做这样一些鼓励别人的事).1948 年,数学家斯瑞利华森(Srinivasan)又考察了实用数,即这样的数:对于所有不超过 n 的自然数 k,k 都是 n 的某因数或某些因数之和.例如,6 是实用数,28 是实用数.事实上,所有偶完美数都是实用数.1944 年,爱尔多斯还考察了所谓过剩数,指的是满足以下条

件的 n:对所有 $k < n$ 有

$$\frac{\sigma(n)}{n} > \frac{\sigma(k)}{k}$$

当 $n = 1, 2, 3, 4, 5$ 时,$\sigma(n)$ 的值分别是 $1, 3, 4, 7, 6$,故 $\frac{\sigma(n)}{n}$ 的值分别是 $1, \frac{3}{2}, \frac{4}{3}, \frac{7}{4}, \frac{6}{5}$. 由此,我们不难看出 2 和 4 是过剩数,而 3 和 5 则不是. 过剩数有多少？我们倒是很容易证明它有无限多个.

下面提到的例子将会告诉我们观察所需要的一些品质.

让我们耐心一点,对于前 100 个自然数 n 列出 $\sigma(n)$,以便开始对于不同的 n 观察 $\sigma(n)$ 之间的关系：

$$\sigma(1) = 1, \sigma(2) = 3, \sigma(3) = 4, \sigma(4) = 7, \sigma(5) = 6$$

$$\sigma(6) = 12, \sigma(7) = 8, \sigma(8) = 15, \sigma(9) = 13, \sigma(10) = 18$$

$$\sigma(11) = 12, \sigma(12) = 28, \sigma(13) = 14, \sigma(14) = 24, \sigma(15) = 24$$

$$\sigma(16) = 31, \sigma(17) = 18, \sigma(18) = 39, \sigma(19) = 20, \sigma(20) = 42$$

$$\cdots$$

请观察:这些数字呈现出了什么规律？

递增的吗？显然不是. 时增时减吗？虽是有增有减,却也不见什么规律！让我们继续观察.

$\sigma(3)$ 与 $\sigma(2)$、$\sigma(1)$ 之间有明显的关系：

$$\sigma(3) = \sigma(2) + \sigma(1)$$

$\sigma(4)$ 与 $\sigma(3)$、$\sigma(2)$ 之间也有类似的关系：

$$\sigma(4) = \sigma(3) + \sigma(2)$$

$\sigma(5)$ 呢？$\sigma(5) = \sigma(4) + \sigma(3)$ 则不再成立了.

让我们还耐心一点往下看：

$$\sigma(5) = \sigma(4) + \sigma(3) - 5$$

$$\sigma(6) = \sigma(5) + \sigma(4) - 1$$

$$\sigma(7) = \sigma(6) + \sigma(5) - 10$$

$$\sigma(8) = \sigma(7) + \sigma(6) - 5$$

$$\sigma(9) = \sigma(8) + \sigma(7) - 10$$

$$\sigma(10) = \sigma(9) + \sigma(8) - 10$$

$$\sigma(11) = \sigma(10) + \sigma(9) - 19$$

细心看,从 $\sigma(7)$ 之后的 $\sigma(8)$、$\sigma(9)$、$\sigma(10)$、$\sigma(11)$,出现了一个值得注意的现象,它们的减项 5、10、10、19,恰好分别是前两个 σ 的和:

$$5=4+1=\sigma(3)+\sigma(1)$$
$$10=\sigma(4)+\sigma(2)$$
$$10=\sigma(5)+\sigma(3)$$
$$19=\sigma(6)+\sigma(4)$$

于是,我们观察到

$$\sigma(8)=\sigma(7)+\sigma(6)-\sigma(3)-\sigma(1)$$
$$\sigma(9)=\sigma(8)+\sigma(7)-\sigma(4)-\sigma(2)$$
$$\sigma(10)=\sigma(9)+\sigma(8)-\sigma(5)-\sigma(3)$$
$$\sigma(11)=\sigma(10)+\sigma(9)-\sigma(6)-\sigma(4)$$

有一点令人高兴的规律呈现出来了吗?我们按这一可能的规律再回头去观察一下 $\sigma(7)$、$\sigma(6)$、$\cdots$ 吧,这似乎应当有

$$\sigma(7)=\sigma(6)+\sigma(5)-\sigma(2)-\sigma(0)$$

然而这个 $\sigma(0)$ 是什么呢?我们还未曾约定过,如果此处 $\sigma(0)=7$,即 $\sigma(7)$ 中的那个"7",那么上面的等式恰好成立.

按前述可能的规律,似乎又应当有

$$\sigma(6)=\sigma(5)+\sigma(4)-\sigma(1)-\sigma(-1)$$

这个 $\sigma(-1)$ 是什么呢?我们也未曾定义过,如果 $\sigma(-1)=0$,那么上面这个等式也成立.

再看 $\sigma(5)$,似乎应当有

$$\sigma(5)=\sigma(4)+\sigma(3)-\sigma(0)-\sigma(-2)$$

如果这里 $\sigma(0)=5$ 即 $\sigma(5)$ 中的那个"5",又 $\sigma(-2)=0$,那么这一等式也成立.

这样,当 $n\leqslant 11$ 时,我们观察到以下规律,即

$$\sigma(n)=\sigma(n-1)+\sigma(n-2)-\sigma(n-5)-\sigma(n-7)$$

需要有两点约定:当右端某项里的括号中的数变为 0 时,就取其值为 n,当右端某项括号中的数变为负数时就取其值为 0.上面,我们实际上已验证了当 n 是 11、10、9、8、7、6、5 的情形,对于 n 是 4、3、2、1 显然也看得出是符合这一规律的.

如果再耐心一些往后观察,也许能看出:

$$\sigma(n) = \sigma(n-1) + \sigma(n-2) - \sigma(n-5) - \sigma(n-7) +$$
$$\sigma(n-12) + \sigma(n-15) - \sigma(n-22) - \sigma(n-26) +$$
$$\sigma(n-35) + \sigma(n-40) - \sigma(n-51) - \sigma(n-57) +$$
$$\sigma(n-70) + \sigma(n-77) - \sigma(n-92) - \sigma(n-100) +$$
$$\cdots$$

有两条约定,右端括号中,当出现 $n-m=0$ 时,取 $\sigma(n-m)=n$;当 $n-m<0$ 时,取 $\sigma(n-m)=0$.

右端括号中的那些减数又呈现出什么规律来没有? 不妨先列出来:

$$1,2,5,7,12,15,22,26,35,40,51,57,70,77,92,100,\cdots$$

一眼看上去就知道,这个数列是递增的,但按什么规律递增呢? 这里,还多么需要更耐心一点的观察啊.细心的人,大概会比较快地看出,这个数列的第 1、2 项,第 3、4 项,第 5、6 项之间的差正是 1,2,3,4,…!

再看看第 2、3 项,第 4、5 项,第 6、7 项,第 8、9 项,…之间的差,则是 3,5,7,9,…!

这样,这个规律就清楚了:92,100 之后应当是 117,126;往后我们可继续写下去.

当你经过上述艰苦细致的观察工作而看出这样有趣的规律的时候,将会感到十分高兴.然而这需要有坚强的意志,否则你会半途而废.其实,要最后到达成功的彼岸,还有许多艰苦的工作要做.

上面的观察是由 18 世纪的大数学家欧拉做出的.观察在数学创造中占有何等重要地位,这从数学家的业绩中可以看到;读者还不妨从自己学习数学的过程去体会.你的学习越富于创造性,你就越能体会得深刻.

2.2 创造的原材料储备——创造的智力因素之二:记忆力

1.记忆力对数学创造起什么作用

欧拉的两个学生把一个复杂的级数的前 17 项加起来,算到第 50 位数字时,两个学生的结果相差一个单位.这时,欧拉竟用心算完成了全部计算而判定哪个学生是错的.这是以惊人的记忆力为基础的.

1640 年,费马提出形如 $2^{2^n}+1$ 的数都是素数,$n=0,1,2,3,4$ 时的确都是素数.然而在很长的时间内没有谁具体指明 $2^{2^5}+1$ 是素数还是非素数(合数).

$2^{2^5}+1$ 这个数不算小,它是 40 多个亿(4294967297).将近一个世纪之后,欧拉发现它不是素数,因为

$$2^{2^5}+1 = 641 \times 6700417$$

为什么在近百年的时间内唯有欧拉做出了上述发现呢?除了欧拉勤于观察、善于运算外,这与他的记忆力也是分不开的.他记得许多素数.对一般人来说,或许 100 以下有多少个素数也不一定记得清,但欧拉记得很多.641 是从 2 开始以后的第 116 个素数,由于欧拉所记得的素数比较多,所以他就能比别人更快地逼近结果,发现 $n=5$ 时 $2^{2^5}+1$ 不是素数.

欧拉 28 岁时右眼失明,59 岁那年双目失明.双目失明后,他仍能继续创造.从双目失明至他逝世前的 17 年间,他总共创作数学论文四百篇,此间他解决了包括令牛顿头疼的月离问题在内的许多复杂的分析问题.双目失明,意味着他不可能再通过肉眼去获得新的信息,自此之后,就主要靠他在业已储备的原材料的基础上并在助手的帮助下工作.双目失明,还意味着不可能依靠手头的资料去恢复记忆,仅有依稀可见但已模糊不清的记忆还不够,因此对原有记忆的要求甚高.欧拉的非凡记忆力大大有助于他的创造活动,以致在双目失明之后也不停止.

除了其他一些因素外,19 世纪最卓越的数学家高斯也得益于他的记忆力.他能背出许多数的对数来,这使他能发明大量新的计算方法,进而使那些千篇一律的计算变得多样化起来,使他不仅保持计算的精确,而且简化复杂的计算.

当代最杰出的数学家之一阿蒂亚(M. Atiyah,1929—2019,1966 年获 Fields 奖)曾这样叙述自己的记忆:

"在数学中,另一种形式的记忆是重要的.比如我思考一个问题,突然我领悟到这个问题同我上星期或上个月同别人交谈时听到的某个问题有关系.我的很多工作都是这么出来的.我出去买东西,与别人交谈,得到别人的思想,这些思想

我只是半懂,然后就存进我的记忆中.这样我就有了这些数学领域的片断的庞大的索引卡片盒.所以我认为记忆在数学中是重要的……"

2. 记忆如何导向创造

数学科学活动必须广泛吸取前人的经验,充分占有资料.牛顿有句名言:"如果我所见的比笛卡儿要远一点,那是因为是站在巨人的肩上的缘故."这句名言所说明的是科学活动中的继承性.这种继承性关系也说明了记忆力的必要性.但并非记忆的东西越多就越有创造.

法国数学家庞加莱(Poincaré)、哈达玛(Hadamard)都认为,所谓创造就是选择.头脑充实,记忆的东西很多,可供选择的东西也就多;反之,头脑空空,还有什么可选择的?庞加莱把记忆在脑中的数学概念或思想叫作"带钩的原子",这些"原子"在人的脑子"开动"起来的时候活跃起来,这才有可能使这些"带钩的原子"互相组合而形成新的观念原子,形成创造.一般来说,这些"带钩的原子"储藏得越多,创造出新的组合的可能性越大.然而,可能性变为现实性需要条件,需要脑子能有效地"启动","原子"能充分地活跃起来,还要有观察力、思维力、想象力等,光有记忆,光靠死记硬背是不行的.记得很多,记忆力相当不错,结果却没有多少创造的情形是存在的,在缺乏思维力和想象力的时候这种情形就会发生.

著名数学家、控制论的创始人维纳(N. Wiener,1894—1964)在他的自传中有过一段清晰的论述:"即使有强烈的创造欲望,人们也总是要从已有的东西出发来进行新的创造的.就我而言,最有用的资质,乃是广泛持久的记忆力……"然而维纳在谈到广泛持久的记忆力的同时就提到还需要"万花筒一般的自由的想象力,这种想象力本身或多或少会向我提供关于极其复杂的思维活动的一系列可能的观点."在我们进行记忆的时候,不只是记住那些定义和公式,更重要的是记住数学中的思想、观点和方法.维纳说:

"在我看来,数学研究中十分重要的记忆特征,与其说是对于文献中大量事实的记忆,不如说是对于在研究特殊问题时所涌现的一系列想法的记忆,以及把这些瞬间的想法转变成某种足以在记忆中占据一席之地的持久的东西.因为,我发现,假如我能够将以往所有与问题确实有关的思想综合成一个统一的印象,那这问题已解决了一大半."

3. 记忆的方法值得讲究

创造过程中,需要随时提取通过记忆所储备的知识和经验,并给以加工、联结、融汇、组合、创新.但是,遗忘常常可能发生,这就要跟遗忘做斗争,强健的体魄是个基础,反复进行的机械记忆也不可缺少,但更重要的是讲究记忆方法.通过不断改善你的记忆品质,就可以增强记忆力.我们确信,记忆力是可以通过后天的培育得到增强的.事实上,我们可以把记忆方法的改善看作是记忆力本身的增强.对于数学来说,应当是更少死记硬背的,应当更讲究记忆方法.我们简介几种记忆法.

(1)逻辑记忆法

数学的突出特征之一是它具有很强的逻辑性,这种特征为我们的记忆提出了要求,也提供了便利.数学的概念,它的法则、定理、公式等一般都处于一定的逻辑体系之中,所以特别需要理解,需要逻辑地记忆,这是必要的,也是有效的.

统计学家德阿柯尼斯(Diaconis,Stanford 大学教授)当然非常清楚地记得 $\lg 2 = 0.301$,不然他不会联想到各种各样的实际数据中以 1 开头的数字的频率竟是 $\lg 2$,这是从《纽约时报》上所有数字中有多少是以 1 开头的这一问题的思索开始发现的,随后德阿柯尼斯利用 Zeta 函数解释了这一现象.然而当你记得了 $\lg 2 = 0.301$ 之后,$\lg 5 = 0.609$ 就无论如何也不要去死记了,逻辑关系 $\lg 5 + \lg 2 = \lg 10 = 1$ 将帮助我们很容易记住它.由此,还有一大串数的对数都用不着死记了.

机械的记忆固然总是需要一些的,但它是吃力的,易遗忘的,而且还可能丢失一些数学思想(如逻辑关系),因而只要可能我们就应当多运用逻辑记忆法.

在学习微分学时,大家都知道微分中值定理特别重要.微分中值定理中,有罗尔(Rolle)定理、拉格朗日定理、柯西(Cauchy)定理,还有柯西定理的推广等,拉格朗日中值定理还有好几种形式.怎么记?统统死记吗?这是最不合算的.实际上我们只要记住拉格朗日中值定理就行了:

"$[a,b]$ 上的可微函数 $f(x)$，必存在 $c:a{\leqslant}c{\leqslant}b$，使

$$\frac{f(b)-f(a)}{b-a}=f'(c)."$$

如果 $f(b)=f(a)$，那么就变成罗尔定理了.

上述分式中的分母 $b-a$，可以看作是函数 $g(x)\equiv x$ 分别在 $x=b$、$x=a$ 的取值之差：$g(b)-g(a)$ 如果将 $g(x)\equiv x$ 换成更一般的可微函数就变成柯西定理了，只需将拉氏定理中的 $f'(c)$ 改为 $\frac{f'(c)}{g'(c)}$.

至于拉氏定理的几种形式，那不过是写法上的变化罢了，所以亦无须死记.

逻辑记忆可以帮助我们防止记忆上大的失误. 例如，我们知道

$$1+2+\cdots n=\frac{n(n+1)}{2}\qquad(n\text{ 的二次式})$$

$$1^2+2^2+\cdots+n^2=\frac{n(n+1)(2n+1)}{6}\qquad(n\text{ 的三次式})$$

这里有这样一个逻辑关系：n 个连续自然数的一次幂之和是 n 的二次式；n 个连续自然数的二次幂之和是 n 的三次式. 如果我们将二次幂之和记成了 n 的二次式或四次式，那就肯定错了，有了上述逻辑记忆，这种大的失误就不会发生.

(2)锁链记忆法

把要记的东西拴在一根链条上，这就比较不容易忘记了，好比一颗颗离散的珍珠容易丢失，而串在一起的一串珍珠不易丢失一样. 逻辑记忆法实际上也可算是锁链记忆法之一，那里是由逻辑编织的链条. 然而，链条各式各样，有些不尽是逻辑的. 例如，勾股定理（对直角三角形）是：

$$a^2=b^2+c^2$$

余弦定理（对任意三角形）是：

$$a^2=b^2+c^2-2bc\cos A$$

平行四边形定理之一则是：

四边平方和等于两对角线之平方和.

这条定理，实际上是当两对角线把平行四边形分割为若干个小三角形，而我们对这若干个小三角形接连若干次使用余弦定理之后即

得.勾股定理只是余弦定理的一个特例($A=\dfrac{\pi}{2}$).

上述三条定理组成一根链条,只要连起来记忆,这三条定理就都不易忘记.

这三条定理及其联系是在二维欧氏空间中表现出来的.但在某些抽象向量空间中引入角度、长度等概念后还有上述性质存在,即上面的那些结论尚可与某些抽象空间的结论联系起来.这种联系无疑可进一步加深记忆,使记忆的链条更长、更牢.

(3)对比记忆法

对比记忆的客观依据是:数学现象有许多呈现对称状态,许多数学概念、定理、运算是成对出现的,由简到繁、由低到高也存在许多可比之处.数学中成对出现的东西可多啦,如正与负,实与虚,有理与无理,代数与超越,有限与无限,平行与相交,点与线,曲与直,加与减,乘与除,乘方与开方,微分与积分,连续与间断,变换与逆变换(包括函数与反函数),等等.

例如,由于连续与间断的对称性,知道了函数连续的"ε-δ"说法,间断的"ε-δ"说法就不必死记了.$f(x)$在点 x_0 连续的"ε-δ"说法是:

"对任何 ε>0,存在某 δ>0,对任何满足

$$|x-x_0|<\delta \text{ 的 } x, |f(x)-f(x_0)|<\varepsilon.\text{"}$$

$f(x)$在点 x_0 间断的"ε-δ"说法是对称的:只要将上面那段表述中的"对任何"改为"存在某",将"存在某"改为"对任何",并将不等号反过来就行了:

"存在某 ε>0,对任何 δ>0,存在某满足

$$|x-x_0|\geqslant\delta \text{ 的 } x, |f(x)-f(x_0)|\geqslant\varepsilon.\text{"}$$

点与线在一定条件下(引进无穷远点)也是对称的.记住了著名的德沙格(Desargues)定理:"若两三角形对应顶点的连线共点,则其对应边的交点共线",也就记住了另一个著名的定理,只要将上述定理中的"点"改为"线","线"改为"点"就行了:"若两三角形对应边的交点共线,则其对应顶点的连线共点."

实数与复数,实函数与复函数,不是对称关系,但也可对比着看,对比着记.直线的许多结构(包括代数结构、拓扑结构、顺序结构)具有

典型意义,对一般空间的认识与记忆也可对比着进行,一方面借助直线理解与记忆一般空间的性质,另一方面又特别注意一般空间中呈现出来的质的差异.

(4)相似记忆法

三角形的面积是 $S=\frac{1}{2}ah$(底乘高的一半);扇形面积是 $S=\frac{1}{2}lr$(弧乘半径的一半).这样相似的两个公式就宜于连在一起记忆.

棱台体积的公式是 $V=\frac{h}{3}(a^2+ab+b^2)$($a$、$b$ 分别是上、下底的边长,底为正方形),圆台体积的公式是 $V=\frac{h}{3}\pi(R^2+Rr+r^2)$($R$、$r$ 分别为上、下圆的半径).这也是相似的,亦宜用相似记忆法.

(5)简化记忆法

在三角函数中有 54 个诱导公式,靠机械记忆就很难,但可借助于这样一句口诀:"奇变偶不变,符号看象限",从而使记忆简化.

华罗庚说过,读书首先是由薄到厚,然后要读得由厚变薄.这是指一种正确的读书方法,一种有效的读书过程.但也包含了记忆的方法,一本书最终要读得越来越薄,抽出那么几条筋就可把握和记住全书的主要内容了.

(6)形象记忆法

连续函数的中值定理、微分中值定理、积分中值定理,这都是极重要因而极需要记住的定理,然而借助于形象更容易记住它们.简单地说,这三条定理分别的形象是:一条连续曲线,无论其形状如何,它必定会经过从最低点到最高点的一切中间高度;一条光滑的弧(或曲线)必有某切线与弧所对应的弦是同向的(或平行的);一曲边梯形必有与其同底的某矩形与之等积.

甚至在更抽象的空间也可以借助于形象来理解和记忆.对数学的本质理解得越深,形象记忆的范围也会越宽.从而帮助你去创造.

以上所说的这些记忆方法本身就不必去机械地套用,可以说,只要你讲究记忆的方法,你就有可能去借鉴并自己创造自己的记忆方法.以上所说的各记忆方法可以统归为一句话,就是在联系中记忆.逻辑的联系,锁链的联系,对比的联系,相似或相近的联系,形象的联系,等等,总之,把各种记忆的对象尽可能联结起来,其记忆效果必定大大胜过支离破碎的记忆.

4. 开发你的记忆力

很久以来,人们曾误以为感觉和记忆是心脏的功能.在我们的词汇里仍保留有"用心""专心"这类词,不过现在谁都知道并不是用"心"而是在用"脑".记忆是脑的功能,实验证明,大脑具有储存信息的功能,而身体的其他部位不具备此功能.

人的大脑仍然像沉睡的巨人,一般的人大约都只使用了自己大脑能力的百分之一左右,其潜力还十分巨大,亟待我们去开发.

大脑的实际储存能力如何?罗森威曾作过计算,在人的一生中,即使每秒钟给大脑增添十个新的信息,离"填满"大脑也还差得很远.

所以,每个人都不要低估了自己的储存能力,低估了自己的记忆力.

有的人,特别是中老年人,常常因为某些遗忘而开始怀疑自己的记忆力,甚至哀叹记忆力的下降,以致对自己的记忆力失去信心,由此而带来忧愁和焦虑;这种心情反过来又影响自己的记忆效果,并且这种忧郁比记忆力实际的减弱所带来的影响要大得多.

事实上,只要脑生理未曾因疾病而受到损伤,记忆力随着年龄增长而发生的衰退现象是不十分显著的.每个人大脑的记忆潜力都大得很,人脑记忆系统的高度完美化,是当代电子计算机的记忆系统所无法比拟的,人脑是生物学的超级电子计算机.只要注意保护大脑并掌握正确的记忆方法,每个人都能进一步开发自己的记忆力,乃至随着年龄的增长而继续改善自己记忆力的某些品质.

从事数学创造和将要从事数学创造的人们,请记住这样一个事例:历史上最卓越的数学家之一高斯,六十多岁才开始学习俄语,而他学习俄语的重要动机之一正是想考验考验自己年过花甲之后的记忆力如何.学习外国语言大概是对记忆力的一种比较严峻的考验,然而高斯终于经过努力达到了能阅读和理解俄文的诗和散文的地步.我们每个人都有机会学习高斯,像高斯那样在年迈时还要来考验考验自己的记忆力.

5. 不要过分依赖自己的记忆力

一个人对自己(或他人对自己)的记忆力下一个具体判断是困难的,你的记忆力是上等的?中等的?下等的?即使假定自己的记忆力是上等的,也仍然要锤炼,要开发,要爱护,而绝不能过分依赖自己的记忆力,以至认为不需要勤奋了.

勤于思索会加深记忆,善于思索会增强记忆.记忆的进行实际上是使过去获取的信息再现出来,再现的能力是重要的,然而再现的可能性大小是与当初思索的工夫直接相关的.

以上所说的是勤于动脑,加强记忆还需要勤于动手.既动脑思索过,又动手书写过的东西更不易被遗忘.即使遗忘得差不多了,如果当初的资料工作做得好,也使得恢复再现的可能性大大增加.资料工作是无论如何都需要的,如果过分依赖自己的记忆力而忽略资料工作,将会造成难以弥补的损失.

资料工作有不同的层次,最简的一层是做索引,稍详一点则是做卡片;再详一些就是短篇心得.资料的整理、分类(乃至按不同方法做成的各种分类)都需尽可能有逻辑,方便查找.花应有的工夫做好资料工作,资料本身就可不需要你太多的记忆,花不太多记忆的资料就会帮助你有效地记住更多更多的东西.

我们曾说,人脑之外,人体的其他部位并无记忆(储存信息)的功能,但手、眼等部位却能帮助大脑去更好地发挥记忆功能.这也是不可忽略的.做到了这一点,聪明的人会更聪明.

2.3 通向创造的必经之路——创造的智力因素之三:思维力

1. 创造如何依靠思维

数学科学的奥秘需要人类去发掘,人类发掘这些奥秘主要依靠思维能力(它比别的学科更需要思维能力,纵然也需要其他一些能力).

如果把数学科学比作一座巨大的矿山,那么这座矿山的开采工作已越过了表层.更深层的挖掘工作将更需要人们的思维能力.

如果说观察使你走到创造的入口处,那么要真正到达创造,绝不可能不经过思维.靠思维来发现问题,靠思维来提出问题,靠思维来做出猜测,靠思维来进行验证(不是"只靠",有时要结合实验),靠思维来做出判断……

前已指出,创造一般含有准备、孕育、明朗、验证等四个阶段,应当说在这四个阶段中的任何阶段都不能离开思维.按钱学森的分类,思维包括抽象(逻辑)思维,形象(直感)思维,灵感(顿悟)思维.在数学创造的孕育、明朗和验证阶段更多地依靠抽象思维;在准备和明朗阶段,特别需要灵感思维.形象思维在数学创造的准备和孕育阶段的作用也是重要的.美国数学家斯蒂恩(L. A. Steen)曾说:"如果一个特定的问题可以被转化为一个图形,那么,思想就整体地把握了问题,并且能创造性地思索问题的解法."这阐明了形象思维在数学创造中的作用.

思维,尤其是抽象思维在数学创造中的地位比起其他科学来更为突出,这是数学科学具有更高的抽象程度这一特性所决定的,数学在考察事物时注意力集中在数量关系和空间形式上,而对于事物的物理属性、化学属性或生物属性等则暂时撇开,而且量与形本身也日益呈现出更为一般、更为普遍从而更为抽象的形式.所以,从事数学创造者,无不注意培养自己的抽象思维能力,否则几乎寸步难行.许多数学问题是那样的简明,又那样的易于直感,例如著名的古代三大数学难题(化圆为方,倍立方体,任意角三等分),可是解决这些问题不知花费了多么艰辛的抽象思维工夫.后来的许多数学难题(如费马问题,四色问题,"1+1"问题)作为问题提法本身也是简明的,这些问题的难度也不是在一开始就知道的,后来才渐渐清楚;它们的解决颇不容易,需要艰深的思维工夫,有的经过三百多年至今尚未解决.

如果说在数学创造中对抽象思维的忽视是不太可能的,对于直觉作用的忽视却是易见的.就此,我们将在后面还要进行一些讨论.

2. 只有观察是不够的

我们强调了观察、记忆在数学创造中的作用,我们将要叙述观察如何需要跟思维联在一起.

哥德巴赫在观察的基础上提出了"任一充分大的偶数可分为两素数之和"的猜想,但仅仅有观察是提不出这个猜想的,他还必然经过(归纳)思维(哥德巴赫猜想的最初形式是:一充分大的自然数可表为三素数之和).

后来,人们又继续观察,有的观察到了十万,十万以内的偶数都能表成两素数之和;有的观察到了三千万,三千万以内的偶数也能这样表示;有的观察到了一亿……但只是停留在观察上,即使是更大量的观察,若没有进一步的理性思维,就不可能走到创造的彼岸.

伯特兰(Bertrand)观察到,在 4 与 6 之间有素数 5;在 5 与 8 之间有素数 7;在 6 与 10 之间有素数 7;在 7 与 12 之间有素数 11;在 8 与 14 之间除了素数 11 之外还有 13……在这些观察的基础上的初步(归纳)思维使他感到:似乎在 n 与 $2n-2$ 之间至少有一素数.他继续观察,一直观察到六十万之众.这些观察,加上初步的(归纳)思维得出的猜想,再加之后来切比雪夫(Чебышев)的严密(演绎)思维,才算真正完成了一项数学创造:当 $n \geqslant 4$ 时,n 与 $2n-2$ 之间必定至少存在一素数.

在素数列中,只要留意观察就会发现:5,7;11,13;17,19;29,31;41,43;59,61;71,73;101,103;107,109;137,139;…,然后你稍加思索就会提出一个问题:这样成对(彼此只相差 2)的素数(称为孪生素数)会有无穷多对吗?这个问题与哥德巴赫问题有某种类似的提法,故称为姐妹问题.不要以为孪生素数可以随意写下去的,至今人们具体写出的孪生素数(或双生素数组)还是有限的,继续写下去是很不容易的.

以上是差距为 2 的双生素数组,再深入一步的观察可以发现,还有差距在 10 以内的四生素数组,如(11,13,17,19);(101,103,107,109);…这样的四生素数组又有多少?能具体写下多少?这需要更艰苦的思索.

强调思维的重要性并不否定数学创造中的直观能力.我们提到过的著名英国数学家阿蒂亚(Atiyah,1966 年 Fields 奖获得者)在谈到自己的研究时曾说:"我觉得有时我脑子里确实有个视觉的图像,某种模式图."在谈到另一数学家休斯顿(Thuston,1983 年 Fields 奖获得者)时阿蒂亚说:"他可以同样自如地看见复杂的、高维的几何","他的确能看见他心里的复杂的图形,他要做的事只是把它画在纸上,从而给出证明."

"观察,观察,再观察",这是巴甫洛夫的名言.然而,深藏着的数学定理和公式,没有入木三分的思索而只停留在观察上是远远不够的,因此我们还需要添上一句："思索,思索,再思索."

3. 数学创造对思维品质的要求

数学创造需要思维力,而且对思维品质的要求比别的学科更高一些,理论数学尤其是如此.

首先是思维的深度.思维的深度主要表现在善于抓住问题的本质及各事物之间的内在联系.比如,人人都知道一些数,但数学家对数的思索要深得多,数学家对数的本质及内在关系要看得更深刻;人人都知道数,但数学家却看出抽象元素的集合比起数的集合来更有力地揭示了现实世界.又比如,谁都知道距离,但数学家所理解的距离在更深刻的抽象空间中也是那样的清晰;数学家甚至思索得更深更远,认为在更一般的空间中,距离还不是最本质的东西,还可撇开.

其次是思维的广度.思维的广度表现为善于从多个角度、多种联系中去思考问题.当然这与知识的广度密切相关,但若只有广博的知识而无思维的广度仍无济于事.知识广博而又思维宽阔的人更能执果索因,又能由因及果,预见结论,展望发展.

此外,还要求思维的灵活性与独立性.要能分析,也能综合;要善于归纳,也善于演绎;要长于抽象概括,也要能把高度抽象的东西具体化、典型化乃至赋予一定的形象.所谓创造必具有独创性,必定在不同程度上有别于前人,重大的创造在思维方式上亦将与众不同,思维独立性品质之重要是不言而喻的.

抽象化和具体化都可能带来创造,会抽象固然是数学家必备的本领,但毫无疑问亦需要另一方面的本领.有了高度抽象的非欧几何之后,沃尔特拉(Volterra)、庞加莱等人的具体化模型仍然是珍贵的创造.

分析重要,还是综合重要? 归纳重要,还是演绎重要? 历来有许多不同的看法乃至争论.然而,对一个人思维能力的要求理当是综合性的.谁能预料,等待你的未来创造需要于你的竟是某一单项思维能力?

2.4 让思维插上翅膀——创造的智力因素之四:想象力

想象是人在客观事物的影响下,在言语的调节下,头脑中已有的表象经过结合和改造而产生新表象的过程.新表象的新颖性、现实性反映想象的独创性.

想象自然有别于思维,但二者是一种交叉关系,想象过程中有思维,思维过程中可能有想象.思维插上想象的翅膀就更具创造性.

1. 数学创造多么需要想象

整数,有理数,乃至实数,都是一元数.在 17 世纪以前,还未曾有人想象二元数的存在.到 19 世纪中叶,最富想象力的数学家之一哈密顿(Hamilton)竟创立了四元数.有些数学家工作的主要对象已不是数.

点,几何上的点,无厚度,无宽度,无长度,这已经要一些想象力了.然而,数学上的"点"又大大扩展了,某个函数被视为一个点,某个图形被视为一个点,某个序列被视为一个点,等等,没有足够的想象力就难以把握它.

实数已经填满了直线上的点,一个实数对应一个点;反之,直线上一个点也有一个实数对应.这样,直线上的点把实数形象化了.但有没有人想象:这种点也还可以是有结构的吗?美国数学家鲁宾逊创立的超实数,使得直线上的点也被赋予一定的内部结构了.

对点的认识如此,对由点构成的空间的认识也跟着变化了.通常人们认识的空间即我们日常生活的空间,是所谓的三度空间.公元前,亚里士多德(Aristoteles)就曾说:"立体在三个方向上有大小;除此以外,就没有其他的大小了,因为这三个已经是全部了."两千年之后,一位法国数学家瓦里斯(Wallis)仍说:"长、宽、高占据了整个空间;连幻想也不能想象在这三个之外还有第四个局部的维数."现在,你也许能想象把平面也视为一个空间,甚至把直线也想象为一个空间.然而还有一批更富于想象甚至幻想的数学家,如欧拉、拉格朗日、达朗贝尔、格拉斯曼(Grassmann)、凯雷(Cayley)、黎曼等人,却把空间扩展到了四维,乃至更一般的 n 维空间;到 20 世纪初,更扩展到无穷维空间.这些富有想象力的思维活动大大地拓宽了人们的视野,大大地深化了人们对空间的实际认识.

有人曾问李(Sophus Lie,1842—1899,挪威数学家,李群的创始人):什么是数学家所特有的禀赋,他回答说:"Phantasie(想象力)、

Energie(干劲)、Selbstvertrauen(自信心),Selbstkritik(自我批评)."
李把想象力摆在首位.

大家熟知的德国数学家魏尔斯特拉斯(Weierstrass)曾说:"不带点诗人味的数学家,绝不是一个完美的数学家."这里所说的"诗人味",指的是要有点浪漫色彩,亦即要富于想象力.

一位法国作家和哲学家沃尔泰(Voltaire)评论道:"Archimedes头脑中的想象力要超过 Homer".前者是希腊时期的杰出数学家,译名为大家所熟知:阿基米德;后者是希腊时期的杰出诗人,译名亦为大家所熟知:荷马.然而,Voltaire 认为前者的想象力超过后者.想象力对于数学具有更为重要的意义.

作为数学中最富于想象力的创举之一,我们仍然不能不提到非欧几何的产生,从此人们的空间结构观念也起了巨大变化.欧氏几何公理中有一条平行公理(当初叫公设,即:过直线外一点可作且至多可作一直线平行于已知直线),这一公理的不证自明性不如其他公理,所以人们长期怀疑这条公理的独立性,亦即怀疑这条公理是否可由其他公理推证出来.思路常常是这样的:先假定上述平行公理不成立,然后期望依据其他公理推导出矛盾来,从而证明了平行公理,证明了这条公理不是独立的.许多数学家,包括一些著名的数学家,沿着这条路去思索,有的误以为导出了矛盾,有的虽一直未导出矛盾,但也误以为是自己的工作未做好,思路陷入了峡谷;由于缺乏想象而在其思维过程中未曾产生过新的表象,始终停留在欧几里得的空间内,因而最终都碰了壁.19 世纪初,有几位数学家却想象还有另一种新的几何空间,最大胆的想象是由罗巴切夫斯基(Лобачевский)、鲍耶(Bolyai)提出的.高斯也想象到了,但由于欧氏空间的地位及当时盛行的哲学思想,使他没有胆量提出.罗巴切夫斯基等人恰好是以欧氏平行公理的否定形式作为新的公理来建立新的几何学(即非欧几何学)的.这种起初看来是一种想象中的几何空间,后来被证明是现实的,它为爱因斯坦的相对论提供了有力的数学工具.这是数学史上一项划时代的创造,这是思维插上想象的翅膀带来的巨大创造.

2. 想象力比知识更重要

本书 2.2 节我们引用了维纳的一段话,这段话概括了记忆力、思维力及想象力在创造中的作用,但他特别强调的是想象力,认为特别有用的是想象力.

爱因斯坦也说过这样一段话:

"想象力比知识更重要,因为知识是有限的,而想象力概括着世界上的一切,推动着进步,并且是知识进化的源泉.严格地说,想象力是科学研究中的实在因素."

光有知识而缺乏想象力是难以在科学研究中有所创造的,丰富的知识为创造提供良好的基础.然而没有丰富的想象力,丰富的知识有可能成为一潭死水,创造的智慧之星不会降临.创造不是现有信息的简单再现,创造必须超越现有的信息而形成新的信息.缺乏想象就难以做到这一点,新概念的提出,新结论的显现,一般并非逻辑思维的结果,而往往是一种"异想天开"的结果,随后的逻辑论证所起的是"卫生、保健"作用.在创造过程中,在经由观察、记忆而转入逻辑的思维之前,想象力起关键的作用.

法国数学家萨开里(Saccheri)与俄国数学家罗巴切夫斯基在否定欧氏平行公理之后所表现出来的逻辑推理能力的差别是不大的,他俩的差异在于:后者想象到了新的几何空间的存在,而前者仅停留在逻辑推理阶段,停留在原有的空间,因此,创造的奇迹就发生在罗巴切夫斯基那里.

列宁曾说:"没有它(指幻想——引者注)就不可能发明微积分."(《列宁全集》第 32 卷,282 页)事实正是如此,一条曲线和这条曲线底下的面积竟是通过微积分联系着的,这单靠逻辑思维是难以发现的.

创造新的知识固然需要想象力,获取现存的知识也需要一些想象力.似乎获取现存的知识只需要一定的记忆力和思维力就够了,其实不然.在现存的数学知识中,例如对高维空间,恐怕没有一定的想象力就是难以接受的,更不要说无穷维空间了.甚至对于数,没有一定的想象力也是不容易理解的,例如超实数、怪数等.至于比这些较为具体的形和数更抽象的数学对象和数学结论,就更需要一些想象力才能理解好、把握好.

3. 想象也可能出偏差

欧拉具有丰富的想象力,事例众多.七桥问题是一例.

帕瑞格尔河从哥尼斯堡城内穿过,河中有两个小岛,人们为了联结河的两岸及两座小岛而修建了七座桥,许许多多的人从桥上走过,有人提出:能否一次走完七座桥而不在任何一座桥上重复走过?

对这一问题(今称哥尼斯堡七桥问题)人们百思不得其解.问题提到了欧拉那里,欧拉并没有到哥尼斯堡去实地看看,但他解决了这一问题(在此,我们无意鼓励不做实地考察,只是在一定条件下可以这样做).他解答这一问题的关键在于把两岸及两岛都想象为点(共四个点,点的大小是无关紧要的,事实上几何的点也无大小),把七座桥都想象为线(共七条线,线的形状如何是无关紧要的,线的宽窄也是无关紧要的,事实上几何的线也无宽窄).这样,就成了联结四个点的七条线.

见图 3,A、B 分别代表两岸,C、D 分别代表两岛,从 C 岛到两岸各有一座桥,从 D 岛到两岸各有两座桥,联结 C、D 两岛还有一座桥.

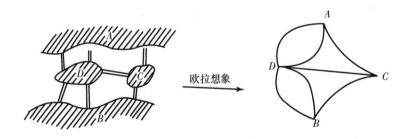

图 3

由于这一功夫,使得哥尼斯堡七桥图变成了一个简单的点线图,而七桥问题就变为能否一笔画成此点线图的问题了(所谓一笔画成,即连续划完此图而任何一条线不得画两次).

这一想象是与欧拉极强的抽象能力分不开的.偌大的 A 岸、B 岸变成了 A、B 两点,一座座桥梁变成了线条,这当然需要相当的想象力.

让我们对此问题做一点简单的思索.

如果一个点线图仅有两点(一个称为始点,一个称为终点),那么不管有多少条线联结这两点,都能一笔画成.见图 4,并试试,即可明白.

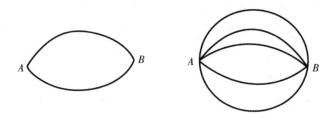

图 4

如果有四个点,那么我们看看图 5,图中四点分别记为 A、B、C、D.

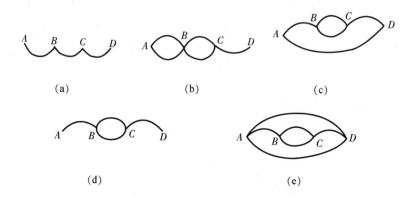

(a)　　　　　　(b)　　　　　　(c)

(d)　　　　　　　　(e)

图 5

图 5(a)~(c)均可一笔画成,而图 5(d)、(e)则不能一笔画成. 图 5(a)中应以 A、D 为始、终点,图 5(b)中应以 C、D 为始、终点,图 5(c)中应以 B、C 为始、终点. 我们看到图 5(a)~(c)的一个共同之处:通过始点和终点的线是奇数条,而通过其他点(不妨称为中间点)的线是偶数条(当始点与终点重合时过始终点的线条数亦是偶数). 至此,容易理解:除始终点外,过中间点的线条数是偶数. 这是点线图可一笔画成的一个必要条件. 这样,我们可进一步断言图 5(d)、图 5(e)都不能一笔画成. 事实上,这两个图中,过每个点的线条数都是奇数. 同样,反映哥尼斯堡七桥问题的点线图中过每个点的线条数都是奇数,故不可能一笔画成. 欧拉的想象及随后的分析导致了正确的答案:一次性通过七桥是不可能的.

这是想象力加上思维力取得成功的一个范例. 这一问题的解决,对于组合拓扑学的诞生起了积极的作用.

然而,具有丰富想象力的欧拉也曾出过一些偏差. 例如,他把连续曲线想象为"手画成的",想象为光滑的;后来他在一些事例面前又作了修改,把连续函数想象为即使有不可微的点也是罕见的. 但是,连续函数比欧拉想象的要复杂得多. 事实上,后来人们陆续发现了一些处处不可微的连续函数.

库默尔(Kummer)无疑是一位富于想象力的数学家,但他也走过弯路. 高斯为使自己的三次和双二次剩余的理论优美而简洁,引进了复整数(即 $a+bi,a,b$ 皆为整数),高斯证明了复整数在本质上具有和普通整数相同的性质,特别是高斯证明了普通整数的唯一分解定理(即任一自然数可唯一地分解为若干个素数之积)对复整数也成立. 库默尔[高斯和狄利克雷(Dirichlet)的学生]在研究费马问题时进一步扩展高斯的复整数概念,他把 x^p+y^p (p 为一素数)分解为

$$x^p + y^p = (x+y)(x+\alpha y)\cdots(x+\alpha^{p-1}y)$$

α 是一个虚的 p 次单位根,即 α 是方程

$$u^{p-1} + u^{p-2} + \cdots + u + 1 = 0 \qquad (\triangle)$$

的一根. 这引导他把高斯的复整数理论推广到由方程($\triangle$)所引进的代数数,即形如

$$f(\alpha) = a_0 + a_1\alpha + \cdots + a_{p-2}\alpha^{p-2}$$

的数,$a_0,\cdots,a_{p-2}$ 为整数,且库默尔也把 $f(\alpha)$ 称为复整数. 我们把 $f(\alpha)$ 称为分圆整数. 1843 年,库默尔假定在分圆整数中唯一分解定理也成立,由此出发,他给出了费马猜想的一个"证明". 然而,当他把论文手稿寄给狄利克雷时,狄利克雷指出:这个假定是错误的. 1844 年,库默尔认识到狄利克雷的批评是正确的,他证明了对于分圆整数来说,唯一分解定理并不成立.

此后,拉梅(Lame)曾在法国科学院的一次会议上宣布他"证明"了费马猜想,然而他犯了与库默尔相同的错误,而指出他的错误的是另一位法国数学家刘维尔(Liouville). 拉梅的相关论文已正式发表,为此他感到十分尴尬.

著名的法国数学家柯西也犯过同样的错误.

为了重建唯一因子分解定理,库默尔 1844 年开始新的研究,创立了理论数理论,推动了费马问题的研究.

总之,我们应一方面看到想象力在创造中的重要作用,另一方面

也要注意:想象还可能偏离真理,因此不能仅停留在想象上.

2.5 数学创造的基本能力之一:运算能力

从事数学工作必须要有运算能力,即使大量进行推理工作的纯粹数学工作者也大都是运算的能手.这也是数学创造的智力因素之一.

欧拉善观察,善记忆,会想象,会推理,也长于运算.级数

$$1 + \frac{1}{2^2} + \frac{1}{3^2} + \cdots + \frac{1}{n^2} + \cdots$$

的和等于什么?欧拉用类比法算出它等于 $\frac{\pi^2}{6}$.然而他可能意识到由类比法所得到的结果并不可靠.于是他把 $\frac{\pi^2}{6}$ 换算成小数,直算到百万分位: $\frac{\pi^2}{6} = 1.644934$,他又把 $1 + \frac{1}{2^2} + \frac{1}{3^2} + \cdots + \frac{1}{n^2} + \cdots$ 算到百万分位,也得到 1.644934.通过运算,提高了这一结论的可信度,使人们更乐于去寻求新的论证,以便最后完成这一创造.欧拉乐于计算,又善于计算.

爱因斯坦有一次问他的一位朋友的电话号码,朋友回答说:“哎,太难记了,24361.”可是爱因斯坦觉得很好记:“那有什么难记,两打,19 的平方.”(24 是两打,361 $=19^2$)还有一次,爱因斯坦生病躺在床上,一位朋友顺便出个题给他消遣,问:2974×2926等于多少?朋友的话音刚落,爱因斯坦的答案也出来了:8701924.爱因斯坦的运算当然不是按直接相乘得来的,他的实际心算过程由下式表出:

$$2974 \times 2926 = 29 \times 3 \times 10^5 + (50 + 24)(50 - 24)$$
$$= 8700000 + 50^2 - 24^2 = 8701924$$

这是两个小故事,由此可使我们联想到爱因斯坦是如何重视运算,也可得知其创造过程中必得益于其运算之娴熟.

20 世纪初有一位富有传奇色彩的年轻的印度数学家名叫拉马努金(Ramanujan,1887—1920).一次哈代(Hardy)在去看望病中的拉马努金时,告诉他说来此时所乘车的车号是 1729,并且对他说这个数太没意思了.然而拉马努金却回答说:“这个数有趣得很,因为,它是能以两种不同的方式表为两立方数之和的所有数中最小的一个.”(事实上,1729 $=1^3 + 12^3 = 9^3 + 10^3$,而小于 1729 的任何自然数都不能以这

样两种方式表成另外两自然数之立方和.)拉马努金运算之熟练与思索之深刻实在令哈代这位杰出的数论专家也惊叹不已.

运算当然是大可讲究的,一个简单的除法也能令大数学家冯·诺伊曼(von Neumann)颇感兴趣.19 除 1,传统的做法是:

$$
19 \overline{\smash{\big)}\,
\begin{array}{r}
0.0526315\cdots\cdots \\[2pt]
\hline
100 \\
95 \\
\hline
50 \\
38 \\
\hline
120 \\
114 \\
\hline
60 \\
57 \\
\hline
30 \\
19 \\
\hline
110 \\
95 \\
\hline
\cdots\cdots
\end{array}}
$$

比较讲究的做法是:

$$
2 \overline{\smash{\big)}\,
\begin{array}{r}
0.0526315\cdots\cdots \\[2pt]
\hline
1 \\
1 \\
\hline
526315\cdots\cdots
\end{array}}
$$

步骤是这样的:先上 5,余 0;将 5 拉下,应上 2,余 1;又拉下 2,连同所余 1,为 12,故上 6,余 0,拉下 6,上 3,余 0,拉下 3,上 1,余 1;拉下 1,连同所余 1,为 11,故上 5,余 1;拉下 5,连同所余 1,为 15,故上 7,余 1;拉下 7,连同所余 1,为 17,故上 8,余 1;……

29 除 1 就是

$$
3 \overline{\smash{\big)}\,
\begin{array}{r}
0.03448275\cdots\cdots \\[2pt]
\hline
1 \\
9 \\
\hline
1344827\cdots\cdots
\end{array}}
$$

读者大约可以明白上述步骤了.

在运算方面,单靠心算当然不行,单靠笔算也还不行,还要学会使用其他计算工具,包括使用电脑.

法国人默森 1600 年提出从形如(2^p-1)的数中可得出素数(称之为默森素数).默森素数有多少个? 显然,3($p=2$ 时)是第一个默森素数;7 是第二个默森素数……似乎这是很容易算下去的,可是,第 27

个默森素数在 1979 年才算出,它是 $2^{44497}-1$. 这是一个有一万三千多位数的巨大整数,这是一般的计算工具难以计算的,然而通过电脑弄清了它是一个素数;后来又利用电脑发现了更大的默森素数:$2^{86243}-1$,这是有两万五千多位的更大素数,但还不知其是否为第 28 个默森素数.

第 27 个默森素数被发现后的三年又出现了一件惊人的事.默森所汇编的一个数表中的最后一个数,共 69 位:

132686104398972053177608575506090561429353935989033525802891469459697

它事实上就是 $2^{251}-1$,它能否分解?这是一个三百多年悬而未决的问题.1982 年美国数学家们在桑迪亚实验室利用克雷计算机算出了它的三个因子:

$$178230287214063289511$$
$$61676882198695257501367$$
$$12070396178249893303969681$$

圆周率 π 的计算一直是人们极为关注的.在公元前很久很久就开始计算它.阿基米德已计算到 π 的精确到万分位的数字,我国古代的数学家祖冲之已计算到 π 的百万分位.在近代,对于 π,计算的方法在不断改进,计算的工具在不断改善,计算的能力在不断提高.当代则是与计算机相结合来计算 π 的.1987 年,美国加州"符号信息公司"的哥斯裴尔(William Gosper)指出,按照印度数学家拉马努金的构思,利用电子计算机可以在极短的时间内计算 π 值到 1750 万位数字.

数学家莫斯图(Mostow)利用计算机以构造某些特殊离散群的基本域.

鲁恩(Van de Lune)和瑞尔(te Riele)用计算机证明了 ζ 函数有 300 000 001 个零点在直线 $x=\dfrac{1}{2}$ 上,其虚部在 0 到 119 590 809.282 之间.这是对黎曼(Riemann)猜想所做的一步实际工作(虽然仍不是决定性的一步).

上面所谈到的是电子计算机对数学的影响,至于对数学以外的各类影响,那是既广泛又深刻的.谈到计算机对数学的影响也已不限于计算方面,这种计算能力上的变化似乎主要表现在量的方面,然而质的影响已经显露出来,这就是计算机对于理论数学的研究的影响.

电子计算机将对数学未来的发展产生巨大的影响,它使得数学有可能改变完全由逻辑证明支配一切的状况,使得实验方法也进入数学行列.18 世纪上半叶的高斯,为了发现整数性质的规律性,首先从对各种特殊情况做大量艰苦的计算工作开始,作为试探,高斯后来说他得到的关于整数论的一些著名定理就是通过"系统尝试法"发现的.现在这种手工业式的系统尝试就可以用电子计算机代替了,因而使得实验方法更可能成为现实.美国数学家乌拉(Ulam)为了探讨在应用中广泛出现而现代数学又对其显得无能为力的非线性现象,就在电子计算机上进行试验,发现了一些规律,微分方程孤立子解的获得作为应用数学上的一个重大突破,就是首先从计算机的荧光屏上发现的.

计算机用于数学证明的一个典型例子乃四色猜想的证明.四色问题在一百多年前提出后有许多著名数学家为解决它而努力,如德·摩根(De Morgen),凯雷(Cayley),伯克霍夫(Birkhoff),等等.维纳年轻时也曾试图去证明四色猜想,但未获成功.20 世纪 30 年代,著名数学家哥德尔证明,即使在最简单的逻辑系统中也存在语句是不能证明的.这时有些数学家认为,既然四色问题研究了这么长,又有这么多大数学家研究过还不能解决,它就可能是那个不能证明的语句.然而,仍有不少数学家继续研究它.1976 年,美国数学家阿倍尔(Appel)和哈肯(Haken)终于借助计算机证明了四色猜想,他们把这一问题化为1500 个构形,然后逐一验证这些构形的可约性,在每秒运算一千万次的计算机上算了约 1200 小时,解决了此难题.

计算机对数学研究这种脑力劳动无疑地会带来巨大变革.数学,不论是学习还是研究,最大量的劳动往往花在定理的证明上,而不是真理的发现、发明上(当然在某种意义上也可算作一种发现,但不是对结论的直接发现,只是在因果之间的关联上).自然,证明是必要的,证明的严密性也是必要的.但更重要的是定理之为何发现,如何发现,起何作用等这一类问题.计算机不仅使人们从烦琐复杂而又单调的计算中解放出来,而且某些或某类定理的证明也可借助计算机来完成.有些定理的证明可以由其质上的困难转化为量的复杂,而后者是计算机所易于完成的,这就使定理的证明化难为易了.这就使得数学家也从某些艰苦的逻辑推理中解放出来,把聪明智慧用到另一类创造性工作上去,更快地推动数学的发展.这是数学创造中一个值得注意的趋势.

利用计算机进行逻辑推理,利用计算机作证明,我们简称机械证明或机器证明.我国当今著名的数学家吴文俊在机器证明方面所取得的成就举世瞩目.

数学证明机械化的思想早在 17 世纪已为莱布尼茨所具有,直到 19 世纪末希尔伯特(Hilbert)等人创立并发展了数理逻辑以来,这一思想才有了明确的数学形式,又至 20 世纪 40 年代电子计算机的出现才使这一思想有了实现的可能性.20 世纪 20、30 年代以来,数理逻辑学家们对于定理证明机械化的可能性进行了大量的理论探讨,结果大都是否定的.直到 1950 年,波兰数学家塔斯基(Tarski)证明了初等几何(以及初等代数)这一范围的定理证明是可以机械化的.然而按照他的原理和方法,实际上是在计算机上不能实现的.1976 年,美国做了许多在计算机上证明定理的实验,在塔斯基的初等几何范围内用计算机所能证明的只是一些近于同义反复的"儿戏式"的"定理",因此有些专家发出这样悲观的论调:如果专依靠机器,再过 100 年也未必能证出多少有意义的新定理来.1976 年"四色定理"的机器证明也不是一种真正的机器证明,它只适于"四色"这一特殊的定理,真正的机器证明应当是适用于一类定理的证明.

真正有意义的进展是吴文俊在 1977 年春取得的成果,他证明了初等几何的主要一类定理的证明可由机器进行.他的原理完全不同于塔斯基,他的方法是切实可行的,并且还可用以发现并证明一些艰深的定理.吴文俊方法主要分两步:第一步工作是几何的代数化,第二步是通过代表假设的多项式关系把终结多项式中的坐标逐个消去,如果消去的结果为零,即证明定理成立.

1978 年初,吴文俊又证明了初等微分几何中主要的一类定理的证明也可以机械化,并且他的方法也是切实可行的.

吴文俊的方法不只是适用于初等几何,也适用于各种克莱因型的几何.

吴文俊通过对数学史的分析,认为贯穿在数学发展过程中的有两个中心思想:一个是公理化思想,一个是机械化思想.正是以吴文俊为代表的中国数学家在推动机械化证明方面取得了具有实质性意义的突破.

值得指出的是:吴文俊的成就是中国古代数学优良传统与现代数学相结合一个典范.吴文俊是在中国古代数学的启发之下提出问题并想出解决办法的.中国古代数学可以说基本上是机械化的数学,而几何的代数化又是宋元时期的主要成就.公理化的思想导源于古希腊,机械化的思想则贯串于整个中国的古代数学.秦汉时代就已成书的《九章算术》是具有这一思想的代表作.《九章算术》与《几何原本》东西辉映,各具特色.机器证明在我国数学家手中取得突破性进展,有其明显的历史渊源.

吴文俊预言:

"对数学各个不同领域探索实现机械化的途径,建立机械化的数学,则是 20 世纪以至可能绵亘整个 21 世纪才能大体趋于完善的事."

计算机的另一重要影响是使得离散数学的地位大大提高,甚至有人预言:未来世纪的主流将是离散数学.

2.6 不要低估了你的智力

常常有人认为,数学只是聪明人去研究的,数学是那些头脑特别发达的人从事的专业.甚至有些人在学习数学的过程中遇到某些困难就叹息:"我不是学数学的材料."其实,我们都不应当急于这样下结论,不应当轻易地断定自己是低能的.

1. 大脑是一台超级巨型电子计算机

人的大脑是一架拥有大约 10^{15} 个开关的巨型计算机,而且比当今的任何计算机都要复杂得多.如果拿全世界现有的电话系统网络来与一个人的大脑相比,那么,全世界整个电话系统相对于一个人的大脑,只有一粒豌豆那么大.

人的记忆力、思维力、想象力的潜能都是巨大的.人的智力,特别是观察力、动手能力,离不开手、眼及其他感觉器官,但对智力起决定作用的还是大脑.然而大脑的潜能几乎是无限的.加利福尼亚大学的教授奥斯汀的研究表明,每个人的大脑都有"数学"半球和"艺术"半球,两个半球的潜能大体相等.

一个平常的人,不论他从事何种专业,在实际生活中,其大脑几乎每秒钟都在进行难以置信的大量连续的数学分析工作和计算.在我们醒着的每一瞬间,眼睛总是在对无数微小的光信息进行着运算,控制着听觉的那部分大脑,也正在对千百万声音间的细微差别进行着分析,按照复杂的程式,对声波的强度进行分辨,形成音量大小的概念,虽然并非明确地意识到,而当上述过程在进行时大脑在同一瞬间要完成 10 万到 100 万个化学反应.

大脑具有如此非凡的功能,问题在于如何去开发.可见我们不应当去抱怨自己的智力如何低下,而应当探索如何深入地开发自己的智力,应当探索大脑的活动方式,探索如何锻炼大脑,以便使大脑工作起来更合乎生理规律和更有成效,从而使自己的智力得到充分的挖掘.

心理学已证实,大量的思维训练可以促使人脑的发展.美国加利福尼亚理工学院教授雷蒙德的研究结果表明,爱因斯坦脑细胞的联系比通常人多 70%,这主要是由于他的思维训练活动量也远远超过通常人.

学会思考,开发人脑,已提到整个教育的议事日程;当然,这一任务也提到每个人的面前,每个人都应进行大脑的自我开发.

现代教育要求每个人从小就要开始接受数学思维训练,而且至少接受 10 年以上的训练.大量的、持久的数学训练对于人脑的开发至关重要.从这个意义上说,数学需要智力的开发,智力的开发也需要数学.

当然,社会并不需要人人都去从事数学研究,但是,当今社会需要新的一代人人都进行数学训练,他们的大脑将由此而得到更好的开发,许多人将不会再感到自己的智力如何低下.

2. 数学天才高斯的脑重知多少

人的大脑胜过一台超级计算机,但你的脑袋是不是太小了?

实际上,对于正常人来说,人的智力基本上与脑重无关.人脑最重的大约 1900 克,最轻的大约 1000 克,平均 1440 克.举世闻名的数学家高斯,他的脑重是 1492 克.另一位著名的英国数学家德·摩根的脑重是 1494 克.他们的脑重不过是一般人脑重的一个平均数.

　　法国人的平均脑重在欧洲算偏低的,低于英国人,也低于德国人,但 17 世纪以来,大批世界级的数学家出在法国,直至今日,法国数学在世界上的地位仍处于前列.

　　除了一些患过脑疾病而受到损伤的人外,轻易断定自己的脑子不行,断定自己不是搞数学的材料,是没有根据的.一个人的数学能力不强,那很可能是他的数学才能在他生活的早期(由于不同的主观或客观原因)受到了抑制.

3. 一批曾被人瞧不起或被视为没有培养前途的数学家

　　如果他们真的相信自己不是搞数学的材料,是一个愚笨的人,那么下面将要提及的这些人的命运就显然不是今天的历史所记载的那样了.

　　牛顿,他还未出生的时候父亲就去世了.12 岁那年,他由农村小学转入格朗达姆镇学校.起先,他对功课没有兴趣,成绩低劣,并且被同学瞧不起,甚至受到个别蛮横无理的同学的欺侮,他除了对机械设计有兴趣外并未显出特别的才华,考大学时关于几何的答案还是有缺陷的.

　　伽罗瓦,他在读完中学后曾想进多科性的工艺学校,但两次考试都落选了,被老师视为没有培养前途的学生,后来只得进入预备学校,那是一所低等的学校.

　　华罗庚,他只正式上过初中,但在初一的时候数学还常常不及格.

　　张广厚,在考初中时,也曾因数学不及格而未被录取.

　　诚然,高斯 10 岁就显示出数学才华,被视为神童;冯·诺伊曼 8 岁就懂微积分,12 岁就掌握了函数论;维纳 14 岁上大学,18 岁获得博士学位……这是一批早早高悬于天空的智慧之星,但这并不是普遍现象.亦非普遍现象的另一方面是:有一批数学家曾被视为愚者(如以上数例),还有一批数学家是大器晚成者,至少他们在早年不被认为是有超常智力的人.

　　在解析函数论、变分学、代数学及分析学的理论方面有过卓越贡献的德国数学家魏尔斯特拉斯,年轻的时候是一位体育教师,快 40 岁才开始搞数学,真正成名已 60 岁,名气很大.

　　在概率论和数理统计学方面有过重要贡献的苏联数学家罗曼诺

夫斯基,27 岁才从大学毕业,56 岁才获得博士学位.

著名统计学家、斯坦福(Stanford)大学教授戴阿柯尼斯(Diaco-nis)在 24 岁之前还是以魔术为业,24 岁后才开始念大学,已成为 20 世纪 80 年代世界上为数不多的统计学家之一.

首次提出高维空间的系统理论的德国数学家格拉斯曼 23 岁才开始自修数学,40 岁出头之后方获得中学数学教师资格,他在数学上的许多重要成就是五六十岁之后才取得的.

莱布尼茨 26 岁时还基本上不懂数学.

横跨 19 世纪和 20 世纪的大数学家希尔伯特当然不算一位大器晚成者,但他开始研究数学也不算很早.他的记忆力也不算很好.当他从一所预科学校转到另一所他比较喜爱的预科学校时,快 18 岁了.当他 21 岁时,比他小两岁的闵可夫斯基(Mcnkowski)已经成了数学界的名人.相比之下,希尔伯特似应感到"晚了".这时希尔伯特的父亲劝阻自己的儿子不要与这样知名的人交朋友.但希尔伯特不顾这些,乐于与闵可夫斯基深交,并成了亲密的朋友.希尔伯特的敏捷看来不如闵可夫斯基,但希尔伯特只要一掌握某种东西就显示出其深刻性.希尔伯特后来在数学创造上的成就及其对整个数学发展的影响远远超过了闵可夫斯基.

年轻的朋友切不可低估了自己的智力,不必在意似乎你不及自己周围的人那样敏捷,不必在意似乎你已经起步较晚,更不必在意周围的人用什么眼光来看待你(尤其是那些轻视的眼光),只要志向已定,就奋发前进.

几十年前的一个事例对我们可能是有启示的.青年数学家戴维松(Rollo Davidson,1944—1970)在 1964 年以后的几年中对概率论、随机几何学做出了重大的贡献.26 岁时在一次登山活动中不幸去世.在 Delphie 半群的研究中他解决了许多难题,攻克了一道一道难关.然而,尽管戴维松很早就在数学方面显露出了才华,在剑桥大学学得很不错,他却在很长时间里对自己的数学研究能力极其缺乏信心,他纯粹是凭着意志才克服了自己本身的害羞心理.因而直到生命的最后一两年,他才意识到自己不仅有能力解决许多数学难题,而且有能力开创新的研究领域并在这些领域中居于领头地位.

看来,青年人还确实有一个建立自信心的过程,一个自我认识、自我发现的过程.

2.7 数学是中国人擅长的学科

自 17 世纪以来,近代数学在西方兴起,我们中国确实落后了,但这不是数学历史的全部,我们完全没有必要因为这一段时期的落后而妄自菲薄.历史和现今的事实可以证明,我们的民族是智慧的民族,我国人民是擅长数学的人民.

中国人创造和发展了记数、分数、小数、正负数以及无限逼近任一实数的方法,实质上达到了整个实数系统的完善(西方完善于 19 世纪初).特别是自古就有了完美的十进位制的记数法.这一创造对于世界文化贡献之大,如果不能与火的发明相比,也可与火药、指南针及印刷术一类发明相媲美.

十进位制记数法,中国最迟在公元 1 世纪已成熟,印度最早在 7 世纪才应用.

十进位小数,中国在公元 3 世纪引入,公元 13 世纪已通行,西欧 16 世纪才有.

开平方、开立方,中国在公元前已有开平方,公元后 1 世纪开平方、开立方已成熟,西方 4 世纪时才有开平方,当时尚无开立方,印度最早在 7 世纪.

除了上述算术方面的外,代数学无可争辩地是中国的创造,让我们看下列事实.

正负数的引入是代数运算的基础,中国在公元之初已有完整的正负数概念及运算法则.印度最早见于 7 世纪,西欧则更晚在 16 世纪.

联立一次方程组,在《九章算术》中已成熟(公元 1 世纪),印度 7 世纪之后才有一些特殊类型的方程组,西方 16 世纪以后才有.

二次方程,在《九章算术》中已隐含了数值解法,三国时(公元 3 世纪)有一般解求法.印度 7 世纪后,阿拉伯 9 世纪后有一般解求法.

三次方程,在唐初(公元 7 世纪初)有列方程法,求数值解已成熟,阿拉伯 10 世纪有几何解,西欧 16 世纪有一般解的求法.

高次方程,在宋代(12—13 世纪)已有数值解,西欧在 19 世纪初才有类似解法. 大代数上的和涅氏（Horner）法是解数值方程式的基本方法,是 1819 年发明的,但在我国《议古根源》(约 1080 年)中早已知道此方法之原理,后来经过刘益、贾宪的发展,到了秦九韶(1247 年)时已有了完整的方法,比西方早了五百多年.

联立高次方程组与消元法,元代(14 世纪)已有,西欧大约在19 世纪.

```
         1
        1 1
       1 2 1
      1 3 3 1
     1 4 6 4 1
    1 5 10 10 5 1
   1 6 15 20 15 6 1
      ......
```

图 6

图 6 所示的三角形的特点是:两腰皆为一,其他每个数皆为两肩之和. 这个三角形是二项式定理的基本算法. 我国杨辉在 13 世纪即已发明,西方则最早在 16 世纪.

以几何学而论,欧几里得几何的拱心石是毕达哥拉斯定理,然而这一定理在我国古代也早已有之. 在《周髀算经》中有以下一般定理的叙述:"若求邪至日者,以日下为句,日高为股,句股各自乘,并而开方除之,得邪至日"(这里的"句"字,即现称之"勾"——引者注). 中国古代的这一定理还被应用于勾股玄直接互求,运用于测日之高远这一类复杂问题.

以三角学而论,西方是先有球面三角(以托雷米的《天文书》为标记,公元 2 世纪),后有平面三角[为纳速剌丁(Nasir-Eddin)所建立,公元 13 世纪]. 中国则早在公元前就有了平面三角,亦见于《周髀算经》.

解析几何和微积分作为近代数学起源的两大支柱,与中国关系如何?

通常认为,解析几何的出现与坐标系统的发明关系甚密. 西方数学史家比较一致地认为,真正的坐标概念出现在 14 世纪阿里斯姆(Oresme)以"经度"和"纬度"来表示点的位置的著作,又有人认为阿里斯姆的著作可能导源于 10 世纪. 然而在我国,则早在《周髀算经》中已有"分度以定则正督经纬"以及"游仪所至之尺为度数"等叙述,在注中屡次提到"引绳至经纬之交，以望之."中国又有世界上最早的星表（公元 350 年），公元 2 世纪张衡就制作星图与浑天仪，又有世界上最早的星刻图（13 世纪）. 我国数学与天文学历来紧密结合，由此亦可见，以经纬度表星的位置这种坐标概念，我国人民乃最早创造者之一.

作为微积分真正基础的极限概念，在希腊数学中基本上没有. 而我国刘徽以至宋代的十进小数记数法则与极限概念一衣带水. 刘徽的割圆术已开始极限思想的萌芽（公元 3 世纪）. 面积体积的计算是导致极限概念和微积分的重要方面. 希腊的"穷竭法"往往是劳而少功的，直到伽利略（Galilei）的学生卡瓦列利（Cavalieri）放弃严密的穷竭法而转用相对粗糙的不可分量法时才取得重大突破，建立了卡瓦列利原理（17 世纪初）. 而这一原理早已见之于祖冲之、祖暅之父子的著作，即"幂势既同则积不容异"，并具体应用于求球体体积，比卡瓦列利早了 1100 多年.

可见，中国人建立了世界上最先进的古代数学，近代的落后并非人民智力的衰退，而是环境的改变.

当今，中国数学虽与世界数学尚有一定的差距，但中国数学已在某些领域处于先进地位. 在现今世界上最优秀的数学家中，还有一批中国人的名字：华罗庚、吴文俊、苏步青、廖山涛、陈景润……华裔数学家陈省身（1911 年出生于浙江嘉兴）、丘成桐（1949 年出生于广东）在当今的数学世界占有崇高的位置，丘成桐是 1983 年 Fields 奖获得者.

在 21 世纪，中华民族的智慧将在数学的世界里更充分地显示出来，中国的数学将在世界的数学领域里扮演更重要的角色.

三 数学创造的非智力因素

上一章我们详尽地阐述了智力因素及其重要性.但是数学创造并不完全取决于一个人的智力因素,非智力因素也是极其重要的.

当有的人轻易地断定自己的智力低下而不是搞数学的材料时,应该想想许许多多的杰出数学家并不认为自己有过人的智慧.一个正常发展的人,他对自己智力的判断,这件事本身已大半属于非智力因素范畴了,不过分依赖更不单纯依赖自己的智力,这本身确已是非智力因素问题了.

不少智力优秀的青年,往往因其非智力因素上的缺陷,一事无成或昙花一现,抱恨终生.这也从另一个侧面提醒我们应高度重视非智力因素.

3.1 数学家怎样看待自己的成就

著名数学家和物理学家赫姆霍兹有过如下一段叙述:

"1891 年,我解决了几个数学和物理上的问题,其中有几个是欧拉以来所有大数学家都为之绞尽脑汁的.……但是,我知道,所有这些难题的解决,几乎都是在无数次谬误以后,由于一系列侥幸的猜测,才作为顺利的例子经过逐步概括而被我发现.这就大大削减了我为自己的推断所可能感到的自豪.我欣然把自己比作山间的漫游者,不谙山路,缓慢吃力地攀登,不时要止步回首,因为前面已是绝境.突然,或是由于念头一闪,或是由于幸运,发现一条新的通向前方的蹊径.等到最后攀上顶峰时,才羞愧地发现,如果当初具有找到正确道路的智慧,本来一条阳关大道可以直达顶巅.在我的著作中,我对读者只字未提我的错误,而只是描述了读者可以不费气力地攀上同样高峰的途径."

无独有偶,当今一位优秀的美国数学家罗宾斯(Robbins)[他曾与著名数学家柯朗(Courant)一起合写了《数学是什么》一书]也有一段类似的叙述.有数学家评价罗宾斯的创造表明他有超越数学的洞察力,并认为他的成就具有高度的创造性且极为优美,请他谈谈自己的感受,罗宾斯回答说:

"我的手指不停地写着,然而总有许多'噪音'使我难以辨别事物的本质.大部分时间我仅仅是坐在那里,超然地想着:'唉,这一天又是去填满废纸篓,不会有什么进展,明天再干吧;也许该再试试,坚持到晚上吧.'夜深了,当我夫人和孩子入睡时,我还在继续工作.日复一日,全神贯注地工作,试图弄清楚那个几个月后,甚至几年后变得十分简单的问题——似乎是一个十分钟就应该看清楚的问题,为什么拖了那么久?为什么我花的时间不是十分钟而是如此之长的时间呢?为什么对眼前的正确方法熟视无睹,而在错误的道路上一而再,再而三地自寻烦恼呢?""我感到就像是沿着一条错误的道路登上了一座小山峰."

当问到他在受阻或面临困境时怎么办,他说:

"我唯一能做到的就是不要惊慌失措."

比起某些把数学发现单纯视为智慧的产物的说法,赫姆霍兹和罗宾斯的叙述要真切得多.他们在数学上的发现和成就当然证明了他们的智慧,但这些成就出现在吃力的攀登之后,出现在许多曲折和谬误之后.当人们只注意那些漂亮的结果而不知道这些结果产生的实际过程时,自然是容易做出片面结论的.赫姆霍兹和罗宾斯像许多优秀的数学家一样是智力因素与非智力因素都得到发展并结合得很好的典范.

意志、毅力,乃至兴趣、信心、耐心、百折不回、坚韧不拔,这些因素对于数学创造该有多么重要是众多的数学家都有感受的.被称为在数的天地里首屈一指的数学家厄多斯(Erdös)最多产、最忙碌,他保持着持久而旺盛的创造力,这位当代的大数学家一生勤奋工作,当有人劝他注意休息或慢点儿干时,他的标准回答是:"坟墓里有的是时间去休息."

除了牛顿的成就之外,应当让更多的人知道牛顿的这样一段自述:

"我不知道世人对我怎样看,我只觉得自己好像是在海滨游戏的孩子,有时为找到一颗光滑的石子或一只美丽的贝壳而高兴,而真理的海洋仍然在我前面未被发现."

高斯虽被人称为神童,但他并不特别看重天资的因素,他说:

"假如别人和我一样深刻和持久地思考数学真理,他们会做出同样的发现的."

我们可以说,恰如其分地看待智力因素在数学创造中的作用,这是数学创造中所需要解决的第一个非智力因素问题.

3.2 不畏惧错误

对于失败和挫折采取什么态度,这已不是一个智力因素的问题.

为了成功,我们首先谈失败,有根据吗? 事实上,失败和挫折总是有的,因此,对它们采取什么态度是不能回避的,不管你自觉与否,你实际上已经或必将采取某种态度.

莱布尼茨曾认为 x^4+1 在实数范围内不能再分解,其实,在他那个时代就有人会进行这种分解(至于现今,恐怕一个初中生也能进行这种分解了).

欧拉在获得大量成果的过程中也曾有过谬误. 比如,他对可微性及曲线的认识就曾是不恰当的,还在收敛性的问题上有过失误.

柯西虽是近代分析基础的重要奠基人,但正是这位奠基者在涉及分析的一些重要基础理论问题上有过失误. 比如,在两个无限运算顺序交换的条件上,在无限和是否连续的条件上,他都曾出现过失误.

勒让德(Legendre)在"证明"第五公设时曾失败过,犯了错误,并且是一般人十分忌讳的直观上的错误.

当然,这些错误仍无损这些人的形象,因为这本来就是难免的. 以上是几位大数学家,这方面的例子还可以列举不少. 但是,这一类事实的记载则是很少很少的,比实际存在的少得多. 一般所记载下来的已经被认为是正确的部分,所经历过的曲折和谬误很少被记载下来.正如赫姆霍兹所说:"在我的著作中,我对读者只字未提我的错误."以上所提到的莱布尼茨、欧拉、柯西、勒让德等人的那些问题,当初也是他们自认为正确的东西,而不是作为自己的一项失误而记载下来的,只是为后人所发现.

以上情况并不表明数学家有意回避自己的失误.英国数学家、物理学家开尔文(Kelvin)曾写道:

"我坚持奋战 55 年,致力于科学的发展,用一个词可以道出我最艰辛的工作特点,这个词就是失败."

法拉第(Faraday)甚至说,即使最成功的科学家,在他每十个希望和初步结论中,能实现的也不到一个.一位英国数学家怀特海德甚至说:"畏惧错误就是毁灭进步."另一位英国数学家李特尔伍德(Littlewood)概括地说:"数学家的大部分光阴是在失败挫折中度过的."

所以问题不在于有没有错误,也不在于经历的错误有多少,关键在于对待错误的态度.哈达玛曾说:"优秀的数学家经常犯错误,但能很快发现并纠正."他还说他本人就比他的学生犯错误更多.

阿贝尔(Abel)和伽罗瓦(Galois)都对五次方程的研究取得重大成就,然而他们两位在开始时都曾错误地以为自己发现了五次方程的一般求根公式.成功地证明了 π 的超越性的数学家林德曼(Lindemann)后来曾去研究费马问题,他为此写了一系列文章,然而每一篇都是在修正(他自己)前一篇的错误,并且始终未得到期望的结果.

我们还要谈到早几年发生的一件感人的事,那是在 1983 年.美国数学家路易斯·德·布朗吉斯(Louis de Branges)用了很长的时间来研究比伯巴赫(Bieberbach)猜想,然而他最初发表的证明是错误的,为此,他被数学界冷落了 30 年,这是一个艰难的历程,他得不到资助,并受到严重打击.在此过程中还常有人对他说:"别再浪费你的时间了."终于他在 1983 年取得成功.可是美国数学界很不信任他,他把新近获得的证明的文稿至少寄给了 12 位数学家,但没有人愿意看它.最后他在另一个国家(苏联)找到了支持者.他的文稿长达 350 多页.

布朗吉斯不畏惧错误、不害怕冷落的精神的确是感人的.传统的观念认为,数学家只是在他们年轻的时候才做出最好的工作,然而布朗吉斯解决比伯巴赫猜想的时候已经 52 岁了.

著名的比伯巴赫猜想说来似乎并不复杂,指的是单位圆上单叶函数的幂级数

$$z + a_2 z^2 + a_3 z^3 + \cdots + a_n z^n + \cdots,$$

其所有系数 a_k 满足关系式 $|a_k| \leqslant k (k = 2, 3, \cdots)$. 比伯巴赫(德国数学家)是在 1916 年提出这一猜想的,只要看一下自 1916 年来的几十年历史就可明白这个猜想的最终证明是多么不易.

比伯巴赫本人证明了 $|a_2| \leqslant 2$;

1923 年,另一位德国数学家证明了 $|a_3| \leqslant 3$;

后来,斯坦福的两位数学家证明了 $|a_4| \leqslant 4$;

1968 年,有两人分别独立地证明了 $|a_6| \leqslant 6$;

$|a_5| \leqslant 5$ 于 1978 年才被证明.

以上是就一个一个地系数讨论的,就全体系数而言,进展是这样的:

英国数学家李特尔伍德证明了 $|a_k| \leqslant e \cdot k, e = 2.71828 \cdots$;

苏联数学家米林(M. Milin)证明了 $|a_k| \leqslant 1.24k$;

美国数学家费兹格拉尔德(C. Fetz Gerald)证明了 $|a_k| \leqslant 1.08k$;

费兹格拉尔德的学生荷洛维茨(D. Horowitz)证明了 $|a_k| \leqslant 1.07k (k = 2, 3, \cdots)$

最终由布朗吉斯证明了 $|a_k| \leqslant k (k = 2, 3, \cdots)$

1984 年,布朗吉斯到苏联的圣彼得堡演讲,米林耐心地听他演讲,先后五次,每次长达四小时. 费兹格拉尔德后来评价说:"这项工作的结果比任何数学家最初预料的都要好.""这是一项伟大的成果."

上述事例,不仅启示人们应当怎样看待别人的错误,更启示人们应当怎样看待自己的错误.

总之,"科学上没有平坦的大道,真理长河中有无数礁石险滩. 只有不畏攀登的采药者,只有不怕巨浪的弄潮儿,才能登上高峰采得仙草,深入水底觅得丽珠."(华罗庚语)

3.3　语不惊人死不休

文学家所追求的是"语不惊人死不休"(杜甫语),科学家所追求的

是什么呢?

历史表明,数学总是在打破"常规"中才获得突破性进展的,出色的数学成果常带有某种浪漫色彩,出色的数学家总爱标新立异.新的创造有时会被视为"异端",创造者有时会被视为"狂人".

光是数的发展就具有传奇色彩.有理数稍一扩展,新的数就被称为"无理"的;实数再一扩展,新的数就被叫作"虚"的.实数之后出现"超实数",复数之后出现"超复数",有穷数之后又有"超穷数"……

"超"也成了数学创造和发展的特征之一,数学家总希望自己的成果超过前人,"果不超人誓不休",他们总喜欢超越"常规"的范围来研究.试看下面的一系列数学专有名词:

几何方面:超平面,超曲面,超球面,超无穷远点,超越曲线,超越奇点,超流形……

代数方面:超越数,超越元,超越基,超越扩张,超代数,超群,超正交群,超域……

分析方面:超越函数,超越整函数,超越亚纯函数,超广义函数,超几何函数,超几何级数,超椭圆积分,超球微分方程……

其他:超限数,超限序数,超限归纳法,超限命题,超限逻辑选择函数,超收敛,超松弛法……

数学创造的另一特征就是大胆走向异端,于是,你可以看到大量以奇异的"奇"字为冠首的数学对象,还有大量以非常的"非"字为冠首的数学对象:

奇点,奇元,奇核,奇芽,奇解,奇异数,奇轨迹,奇状态,奇异函数,奇异级数,奇异积分,奇异积分方程,奇异积分流形,奇异积分算子,奇异初值问题,奇异射影变换,奇异同调群……

非欧几何,非欧距离,非欧角,非笛沙格几何,非阿基米德几何,非线性,非齐性,非正则数,非正则点,非正则函数,非标准实数,非正常积分,非奇异矩阵,非结合代数,非交换域,非中心分布,非参数估计,非参数检验……

数学创造中异向思维的众多成果是一方面,另一方面是在原有的范围内不断开拓,得到更广泛的概念和定律,开辟更宽阔的天地,与此相应,除了一系列的"超",还有大量的以"广义"为冠首的对象:

广义坐标,广义距离,广义平行,广义幂零元,广义代数系,广义极限,广义函数,广义积分,广义级数,广义一致收敛,广义赋值,广义卷积,广义拓扑空间,广义特征空间,广义解析函数,广义保形映射,广义勒贝格测度,广义勒贝格积分,广义方差,广义随机过程,广义康托尔集,广义连续统假设,广义 n 维欧氏几何……

"没有奇特的奇异性,也就不存在与众不同的美丽."[17 世纪的大思想家培根(Bacon)的话]但对于新颖的追求主要不在新名称、新词汇上,其实质在于创立新思想、新观念、新理论.在科学创造中,在多数人从事合乎潮流的时尚的工作时,常常需要有人去做某种不太合潮流、不太时兴的工作,需要另辟蹊径,甚至需要去冒险.

新的几何(如双曲几何等)、新的代数观念(如群等)、新的分析概念(如勒贝格积分等)的诞生都是有人在做当时看来不合潮流的一些研究的结果.20 世纪初,公理化潮流还在继续,把数学纳入某些甚至整个地纳入某个形式系统的思想是很时髦的.此时,数学家哥德尔却从事着一项非常深刻但不合潮流的研究,他怀疑形式系统的万能性,并且他终于在 20 世纪 30 年代证明了任何形式系统之下都存在着不能被证明的命题.这被称为不完备定理,这是一个划时代的重大成就.他的独立和逆潮流的精神却不能被充分理解,他在普林斯顿(Princeton)研究所从普通成员升到教授竟花了 14 年.哥德尔不愧是 20 世纪少有的数学家之一.

当 19 世纪法国数学家马丢(E. Mathieu)首先开始研究散在有限群(他当时并未使用群这个词)的时候,他是在做一件完全不时兴的工作,甚至在随后的 100 年里也不时兴.1861 年他发现了第一个这样的群,12 年后(即 1873 年)他又发现了第二个.他自己清楚他已找到了某种非常漂亮又非常重要的东西,用几何语言说即他发现在 12 维和 24 维空间中存在一种具有奇特对称性的结构,而在任何维数不是 12 和 24 的空间中不存在这种结构.大约 75 年之后,马丢群在编码业务中表现出重要的应用.这还没有使马丢的工作一下子时兴起来.在随后的 20 多年来,人们通过各种方法(包括利用计算机)找出了许多新的散在群,至 20 世纪 70 年代,总共发现了 25 种散在群.1979 年,利用抽象方法证明了散在群不超过 26 个.1981 年,芝加哥大学的鲍勃·格利斯(Bob Griess)成功地构造了这最后的也是最大的散在群(它被称为"魔群").一百多年前由马丢单枪匹马开创的在当时很不时兴的事业终于在今天有了一个完满的结局.

数学史上一些最重要、最富成果、最富创造性的思想常常因为是不合潮流、不合时尚的,虽在闪现,却受阻;虽已出现,却长期被埋没.所以"语不惊人死不休"并非指一鸣惊人,一鸣惊人未尝不好,但有些成果不会总是如此的,因此更需要长鸣不息.

"语不惊人死不休",这是文学家的追求;"果不超人誓不休",这是数学家的追求.这种追求为一种意志所决定,这种意志的产生必定与一定的背景或环境相联系.这主要是一种非智力因素,它是多么不可或缺啊!

3.4　数学创造需要勇气

因为数学创造的过程中免不了要经历失败和错误,这是其一;因为数学创造要力求超过前人、超越现存的东西,冲破"常规",打破某些固有的观念,这是其二;所以数学创造需要勇气.这是前两节讨论后可自然得出的结论.然而,事情还不止于此,数学创造离不开环境,离不开社会.外界给数学家还会带来些什么考验呢?当然有赞许的,有欣赏的,有歌颂的……但也有相反的方面.

1. 讥讽、嘲笑

微积分在 17 世纪诞生,微分法在牛顿那里当时叫流数法,这种方法成了研究自然的一种强有力的工具,不仅地球上的大量现象,而且许多天体现象,因为有了它而被揭示得更清楚.但是这似乎触动了上帝的"主宰地位",有位主教出来了,他还真花了一番工夫来研究牛顿的流数.他看出了其中的破绽,但他不是为了去"修补",而是"找碴",他极力讥讽牛顿的流数,说它是"逝去了的鬼魂".然而牛顿的微分法经受了实践的检验,后来在理论上也逐渐成熟起来.不过这也经历了前前后后两百多年的时间.

正三边形、正四边形、正五边形、正十五边形以及边数为 $2^n \cdot 3$、$2^n \cdot 5$、$2^n \cdot 15$ 的正多边形的尺规作图,在欧几里得时期就会做了.但是此后两千多年没有发现新的可(尺规)作图的正多边形,而且几何学家们也声称再没有别的正多边形能用圆规、直尺做出了. 1796 年, 19 岁的高斯证明了正十七边形可尺规作图. 他带着这个证明去找哥廷根大学的教授卡斯特勒(Kästner). 卡斯特勒不相信, 并企图赶走高斯; 但高斯十分自信, 迫使卡斯特勒看看自己的证明; 而卡斯特勒不想看证明, 只是想从假设中找出错误. 即使高斯作了有力的答辩, 仍然遭到这位教授的嘲笑.

1826 年, 罗巴切夫斯基首次公布新的几何学时, 他所遇到的嘲笑和非难也够多. 1834 年, 有人在《祖国之子》杂志上发表文章讥讽说: "为什么不能把黑的想象成白的, 把圆的想象成方的, 把三角形内角和想象成小于两直角, 把同一个定积分值想象成既等于 $\frac{\pi}{4}$ 又等于 ∞? 非常非常可能, 尽管理智是不能理解到这些的." "为什么不把标题《几何学原理》写成《对几何学的讽刺》《几何学漫画》呢?"德国著名诗人歌德(Goethe)还在诗中嘲笑这种几何! 他写道: "有几何兮, 名为非欧, 自己嘲笑, 莫名其妙."

19 世纪除产生了非欧几何之外, 还产生了群论、新的积分论、集合论等这样一些在数学史上蔚为壮观的成果, 但是所提到的这些创造及其创始人的道路几乎无一是平坦的. 新的积分论的创造人勒贝格(Lebesgue), 由于他的积分所容纳的函数对象相当宽, 乃至包含一些人们, 包括某些知名数学家难以想象、难以接受的奇特函数(包括无处可微的函数, 人们本来曾认为函数都是可微的, 后来发现在有些点不可微的, 甚至发现了处处不可微的连续函数, 而新的积分所容纳的函数包括处处不连续的一些函数, 如狄利克雷函数), 因而勒贝格遭到一些人的嘲讽, 甚至去参加学术讨论会也受到冷遇和排斥.

成功了, 仍受到嘲讽甚至排斥, 这在历史上屡有发生. 现在, 数学发展了, 时代进步了, 一些不幸的例子也给了人以深刻的教训, 因此可以期待今后这类事会很少发生, 但不能指望一件也不发生. 至于失败了, 弄错了, 遭到排斥的可能性会更大一些. 我们已经提到的布朗吉斯是一个现实的例子, 他既在不顺利之时受到过冷遇, 又在成功之时受到过冷漠.

我们看到, 一些讥讽和嘲笑有时来自数学行家, 有时也来自数学界以外的人们.罗巴切夫斯基受到报界及至一些文人的嘲讽,牛顿受到过大主教贝克莱(Berkeley)的猛烈抨击,这类情形在现今发生的可能性会更小一些.

2. 冷落、埋没

数学创造受到冷落的事例在数学史上屡见不鲜.鲍耶在读大学期间就开始研究非欧几何(当然是从研究欧氏几何的第五公设开始的),首先就遇到父亲的冷落,他的父亲对他说,这是能够吞噬掉一千个牛顿的大深渊.当他的研究取得巨大进展的时候,又遇到公认的数学权威高斯的冷落.高斯对这一问题也已有了研究,但是由于对当时居于统治地位的哲学思想的畏惧,高斯既没有公开自己的研究成果,更没有给年轻的鲍耶以有力的支持.

阿贝尔,这位挪威青年数学家在数学的不少方面做出过贡献,对椭圆函数论的理论研究有过重要突破,他的一篇相关的论文交给了巴黎科学院.著名数学家傅里叶(Fourier)只草草地看了一下这篇论文.论文传到当时的数学权威柯西手上,柯西竟把他的论文给丢了.曾传到勒让德手里,勒让德也一直采取冷漠的态度.勒让德本人是椭圆函数理论研究方面的行家,对阿贝尔这一成就的冷漠更令人费解.只是到了雅可比(Jacobi)才采取了截然不同的态度,他气愤地写信给巴黎科学院:

> "阿贝尔先生做出了一个多么了不起的发现啊! 有谁看到其他堪与比美的发现呢? 然而这项也许称得上我们世纪最伟大的发现,两年以前就托交给你们科学院了,却居然没有引起你们的注意,这究竟是怎么一回事呢?"

阿贝尔 27 岁离开人间,他关于椭圆函数理论的那篇论文,在他死后 12 年才重见天日.

伽罗瓦,他在中学就开始研究一般五次方程的求根问题.阿贝尔已经证明了一般五次方程的求根公式(指通过系数经由五则运算——加、减、乘、除、开方——而给出的)是不存在的.但在某些特定条件下又是可求根的(在上述意义下).伽罗瓦则通过引进"群"(当时虽然尚未使用这一词)这一重要数学概念而彻底解决了这一问题.他的论文也交给了巴黎科学院,也送到柯西手里,然而柯西又一次冷落了作为他的同胞的年轻数学家.后来,另一名法国数学家虽然勉强看清了伽罗瓦的论文,但最后仍给否定了.伽罗瓦21岁离开人间.时隔14年之后,法国著名数学家刘维尔才在他主编的《数学杂志》上发表了伽罗瓦的成果,这一成果可以说使整个数学大为改观.

说也奇怪,上面三件事都发生在19世纪20年代;其实也不奇怪,当时正是数学在经过长期酝酿之后取得大突破的时代,遇到的阻碍可想而知.

说也奇怪,上面三位受到冷落的都是20岁左右的人,都特别年轻;其实也不奇怪,这种重大的突破大都为年轻人所实现,然而,年轻人既最勇于突破,同时又最易受到漠视.

3. 更沉重的打击

在毕达哥拉斯时代,对整数(实际上当时只指自然数)十分崇尚.毕达哥拉斯学派认为万物皆为数,而数皆起源于一.他们的信条是:宇宙间的一切事物和现象都归结到整数,有理数不过是两整数之比,因而不被看作是独立的新数.所以整数是他们宇宙观的基石.但是,正是这个学派的一个成员希伯斯(Hippasus)发现了正方形对角线与其边长之比不能用整数或两整数之比来表示,他还发现正五边形对角线与其边长之比也不能用整数或两整数之比来表示.这一发现使毕达哥拉斯学派惊恐不安,因为这一发现动摇了毕达哥拉斯学派的基础,包括他们的宇宙观.起先该学派规定不要将此事外扬,但希伯斯仍泄露了出去.这对毕派的学说是致命的打击,相传希伯斯因此而被投到海里去了.

毕达哥拉斯派的观点并非绝无仅有,也并非后无来者.两千多年之后,19世纪德国有位著名数学家叫克罗内克,他有着与毕派十分相似的信条:只有自然数是上帝创造的.因此他坚决反对实无限.实际上,希伯斯的发现可算是人类史上实无限的第一个发现.林德曼证明了圆周率 π 是一个超越无理数,克罗内克挖苦他:"你那个关于 π 的漂亮研究有什么用呢? ……你为什么要研究这种问题?"克罗内克的一个优秀的学生康托尔创立了一种崭新的理论(集合论),并且建立了一系列前所未有的实无限,这便是超穷基数、超穷序数.这引起了克罗内克的敌视,克罗内克说康托尔的研究和创造是一种危险的"数学疯病",在多种场合下,用粗暴的语言攻击康托尔,时间长达十年以上.因为克罗内克的反对,康托尔的论文一再被延误发表;因为克罗内克的反对,康托尔连找到一个合适的工作也受到阻挠.康托尔因此患了精神病,1887 年后才恢复工作.虽然克罗内克 1891 年已逝去,但他的攻击所带来的后遗症并未消失.康托尔的精神病后来常复发,并且最终死于精神病.虽然导致康托尔逝世的原因中还包含一些别的因素,但克罗内克的打击是很沉重的.

4. 不能自我摆脱

某种哲学乃至宗教对数学创造有很大影响.毕达哥拉斯、克罗内克因为某种哲学信仰不仅使他们自己不能接受新的数学发现,而且损害了别人.

高斯尽管对康德关于绝对空间的哲学思想持怀疑态度,但没有勇气挑战,因此他关于非欧空间的发现未予发表,害怕别人议论.高斯这样伟大的数学家仍未能充分地做到自我解脱,颇令人深思.

牛顿是一位杰出的科学巨匠,却同时是一名虔诚的教徒.他关于微积分的发现是在 1665—1666 年,但牛顿并未当即发表,他有一种害怕别人批评的心理,尤其是当有人怀疑他对"上帝"的虔诚时更令他不安.牛顿关于微积分基本定理的正式发表要晚于其发现约 20 年.这使得后人关于牛顿和莱布尼茨二人之中谁先发现了微积分的问题还发生了一场争论.牛顿晚年转向神学研究,这无疑影响了他对科学做出进一步的贡献.

法国的数学天才之一巴斯卡(Pascal),他对于分析学、概率论都做出了很大贡献,他还建立了射影几何的一条著名定理(现称为巴斯卡定理:圆锥曲线内接六边形每两条对边相交而得的三点在同一直线上).然而他深受宗教的影响,曾力图将宗教信仰与数学的理性主义调和起来.宗教在他 24 岁之后完全主宰了他的思想,以致后来逐渐与数学疏远起来,甚至有一种腻烦之感.他无法自我摆脱,从而极大地妨碍了他的数学才能的发挥.他也成为一位早逝者,逝时年仅 39 岁.

无理数的发现,微积分的诞生,非欧几何的问世,群论的创立,集合论的降临……数学史上这些重大事件,在其进程中都遇到这样或那样的麻烦,冷落,讥讽,嘲笑,挖苦,甚至更沉重的打击,皆有.

以上事实都说明:数学创造需要勇气.年轻人更需要这种勇气,因为年轻人受到冷漠和轻视的可能性更大;年轻人也最可能拥有这种勇气,因为他们最少受旧传统的束缚.至于摆脱某些哲学思想的影响,确立正确的哲学思想,这正是青年科学工作者的任务之一.马克思主义哲学将十分有利于青年学者的开拓成长.

数学史向我们描绘的似乎是一幅十分严峻乃至严酷的画面,其实,这幅画面的主调是数学不断取得辉煌的成就.而且,时代发展了,社会进步了,历史上有过的那些激烈场面已经大大缓和,当今的社会更有利于青年人创造.然而,另外一些麻烦也还是难免的,有一点是清楚的,当今科学发展中的竞争性加剧了,这将会向包括数学工作者在内的科学工作者提出新的要求,要勇于竞争或者竞赛.

3.5 也需要兴趣、需要情感吗

在数学创造的道路上,既然时常可能出现挫折,就要有百折不回的精神;既然可能错误百出,就要有不达目的誓不休、不导出正确的结果不罢手的坚强意志;既然还可能遇到嘲讽与打击,就要有逆风而上的勇气,要有敢于向陈旧的传统挑战的气概.在数学创造中,足够的勇气,坚强的意志,一往无前的精神状态,这都是需要的.也需要对数学的兴趣和情感吗? 需要的,需要对数学有浓厚的兴趣、热烈的感情.

兴趣是数学家重要的动力之一.华罗庚曾说,在他开始从事数学学习与研究时,虽然对祖国的需要也有一些模糊的感觉,但"唯一推动我学习的力量,就是兴趣与方便,因为数学是充满了乐趣的科学,也是最便于自学的科学.""我开始学习数学是没有什么'宏愿'的,仅仅是为了兴趣,为了便于自学."通过进一步学习与研究的实践,又进一步深入地看到数学的奇妙,并且在与社会的进一步接触中使他"认识到研究数学不能停留在'为了兴趣'上,认识到数学是和国家、社会有着密切关系的,它可以成为建设祖国的工具.""认识到"数学是对社会有极大贡献的学问","科学与生产愈发达,对数学的需要也就愈迫切;在自然科学愈提高到理论阶段的时候,也就愈是需要数学的时候."(《人民日报》,1953 年 9 月 21 日)

对数学没有兴趣是不行的,兴趣不浓厚也难以在数学学习与创造中有所成就.但兴趣要持久,要在曲折的进程中有增无减,那还要与对社会的责任感联系起来,与坚定的信念结合起来.

兴趣的广泛性也是十分重要的,祖冲之对数学、天文、历法、文学都有广泛的兴趣,但他的兴趣中心在数学.欧拉对力学、天文、船舶、机械、音乐、数学都有广泛的兴趣,但他的兴趣中心也在数学.兴趣有助于他们成功,并在数学创造上做出巨大贡献.兴趣的广泛性和专注性当兼而有之.

兴趣的大小程度可以是很不相同的,数学家对数学的兴趣一般都到了着迷的程度.诺瓦里斯(Novalis)说:数学家实际上是个着迷者,不迷就没有数学.

我国著名的数学家陈景润就是一位著名的着迷者.他自述道:"我有我的天地,读书和演算才是我极大的乐趣,我认为并不是每一个人都能享受到这种乐趣的.""有一次,我边走路边思考题目,入了神,忘记了周围的一切,一头撞到了一棵大树上,头上碰出了一个大包,自己都没有觉察,一面用手摸着额头,一面还埋怨别人撞了我."

有关爱尔多斯迷于数学的故事也很多.有一次,他在圣路易斯的华盛顿大学做报告,晚上,学校的一位系主任请他吃饭,吃饭时因有别的客人在座,故没有谈数学的事,结果爱尔多斯在餐桌旁睡着了.

要取得成功,必须有(或培养起)对数学浓厚的兴趣,乃至达到着迷的程度,像陈景润和爱尔多斯那样.不过,这并不意味着要求从事数学的人的兴趣是狭隘的、单一的.许多数学家的生活志趣是充实的、多方面的,除数学外,有的喜欢音乐,有的喜欢诗歌,有的喜欢体育……德阿柯尼斯在14岁之后做了职业魔术师,长达10年之久,然后再去读大学,5年之后从哈佛(Harvard)大学拿到博士学位,其后成了一位著名的统计学家,斯坦福大学(Stanford)大学的知名教授.但他仍然十分热爱魔术,十分有兴趣.这位魔术家出身的数学家在数学领域里的兴趣也是多方面的:数论,群论,数理统计……

兴趣不是天生的,而是后天形成的.兴趣的大小在一个人生活的各个阶段是可能发生变化的.英国数学家阿蒂亚开始时对数学有兴趣,但到15岁时对化学产生浓厚兴趣,过了一年之后,他又觉得化学不是他想干的,于是又回到数学,从此再未考虑干别的了.兴趣是怎样形成的,又是怎样变化的,哪些因素影响着它,弄清楚这些,当然是有好处的.

1. 初步成功的激励

高斯 10 岁时就能算等差数列,人称他为"神童".但真正激起他的兴趣并促使他决定投身于数学的是,19 岁那年他发现了正 17 边形的尺规作图,这成功解决了自欧几里得以来长期悬而未解的一个难题.在此之前他还犹豫在语言学与数学之间,然而至此他走上了数学研究的道路.这件事在他的经历中是十分重要的,高斯死后,在他家乡为他建立的纪念碑上就刻着一个正 17 边形的图形.

第一次获得成功或第一次正式发表有创见的论文是特别令人激动的.不断的成功,将不断地增强你对数学的兴趣.

通常人们也会有这种感受,不要说数学创造,就是平时自己能独立完成一道数学习题也会使自己兴奋不已.

失败是常有的,困惑的时间也可能持续很长,正是在经历了这样一些艰难之后取得的成功尤其令人感兴趣.

屡遭失败也是可能的,对数学的兴趣因此而面临考验,弄得不好,兴趣可能被泯灭.

对某种学问的了解越深入,理解越透彻,就可能产生一种乐趣;如果在此学问范围内自己还能有所建树,就会产生更大的乐趣.不能想象一个对数学不甚了解的人会对数学产生兴趣,即使理解了,如果理解得肤浅,也会觉得数学单调乏味.

2. 对数学美的追求

前面我们说兴趣与理解和成功是联系在一起的,而由理解变为浓厚的兴趣又是与美学相关联的.

$1,2,3,4,5,\cdots$这样排下去就是全部自然数,多么平淡的一番景象啊.然而,深入观察时,人们看到的却是一幅五彩缤纷的美丽图像.她有巨大的吸引力,引起人们莫大的兴趣,历史上多少人献身于整数论的研究(这只是数论的一部分,数论又只是数学的一部分).数论中有许多动人的定律.

高斯也从事数论研究,他发现了数论中的二次互反定律,说的是:如果 p 与 q 是不相等的两奇素数,那么就有

$$(p/q)(q/p) = (-1)^{(p-1)(q-1)/4}$$

其中

$$(p/q) = \begin{cases} 1, \text{当 } p \text{ 是 } q \text{ 的二次剩余时} \\ -1, \text{当 } p \text{ 是 } q \text{ 的非二次剩余时} \end{cases}$$

高斯从发现到证明这个定理都与他对这个定律的美感分不开,他称它是一颗宝石,并且不断地对这颗宝石精雕细琢,先后五次用完全不同的方法证明它,还向复数领域推广它;高斯之后,这一定律的美妙唤起许多数学家的兴趣,数学家们给出了数十种不同形式的证明. 希尔伯特还将这一优美的定律推广到代数数域.

谈到几何,人们都知道,在欧几里得之前,它是零散的、零乱的,但是自从欧几里得之后,几何就像一座富丽堂皇的宫殿供人观赏,在历时两千年的时间里它都给人以神奇感,给人以智慧,给人以创造的兴趣.

一个极普通的三角形也包含有许多美妙的内在联系. 几乎每个人都知道这样一个事实:任何三角形的三个内角拼起来竟是一个平角.

还有人所共知的事实:三角形的三条高共点,三条中线也共点,三条角平分线也共点. 然而有更一般的联系,或者说有更深层的美. $\triangle ABC$ 三边 BC、CA、AB 上的三个分点 L、M、N 分别分割它们,分割线段的比值是 α、β、γ,那么 AL、BM、CN 共点的充分必要条件是 $\alpha\beta\gamma = 1$.

被称为几何学中四颗小明珠之一的九点共圆也是很美妙的现象:三边的中点,三高的垂足,垂心与三顶点连线的中点,这九点在一个圆上.

20 世纪之前所有优美的几何定理都被发现了吗?"三个半径相等且交于一点的三个圆的另外三交点的外接圆半径与已知圆相等"这条定理就是 1916 年发现的.

当然需要更强的鉴赏力才能体会到黎曼的几何仿佛普兰克的钢琴合奏曲.

傅里叶的《热的分析理论》是一首"数学的诗".

"无穷"这个世界似乎是一片黑暗的,但是自从有了微积分,后来又有了康托尔的集合论之后,"无穷"这个世界变得明朗了,变得美妙无比了.

古代哲学家、数学家普洛克拉斯(Proclus)早就断言:"哪里有数,哪里就有美."开普勒(Kepler)的赞誉是:"数学是这个世界之美的原型".

对数学美,在肯定的意义上讲,数学家的看法是一致的,庞加莱说:

"一个名副其实的科学家,尤其是数学家,他在他的工作中体验到和艺术家一样的印象,他的乐趣和艺术家的乐趣具有相同的性质,是同样伟大的东西."

对数学美的深刻感受会使我们对数学的兴趣更为浓厚,对数学的兴趣又可能使我们更清晰地看到数学美.爱尔多斯在许多情形下心不在焉,但只要一转向数学,特别是数论,那就大不一样了.我们已经知道他是如何着迷于数学,当有人问是什么促使他这样生活时,他回答说:

"这就好像问巴赫①作曲有什么快乐,也许你突然发现了隐藏的秘密,发现了美."

3. 对数学崇高地位的向往

近代数学发端于 17 世纪,几个世纪以来,数学为物理学所推动;然而,数学反映物理世界的能力,使物理学家惊奇不已. 20 世纪以来,数学的崇高地位远不止受到物理学界的重视,几乎所有的学科都注视数学.

有的数学家认为,大自然是一本书,这本书就是用数学语言写成的.

有的数学家认为,宇宙的规律就是数学的艺术.

有的科学家认为,世界就存在于方程式

$$F(A, B, C, \cdots) = 0$$

之中.

有的科学家认为,数学的本质就是宇宙的和谐与秩序,数学世界与现实世界是如此吻合,如此统一.

① 著名的德国音乐家,被称为"音乐之父"——引者注.

培根说:数学是科学的大门和钥匙.

高斯说:数学是科学之王.

数学如此崇高的地位,怎能不令人神往,它激起许多年轻人的兴趣.

> "为什么数学比其他一切科学受到特殊尊重,一个理由
> 是它的命题是绝对可靠的、无可争辩的,而其他一切科学的
> 命题在某种程度上都是可争辩的,并且经常处于会被新发现
> 的事实推翻的危险之中.……但是数学之所以有高声誉,还
> 有另一个理由,那就是数学给予精密自然科学以某种程度的
> 可靠性,没有数学,这些科学是达不到这种可靠性的."(《爱
> 因斯坦文集》,商务印书馆,1977 年)

4. 为爱国主义所鼓舞

陈景润这位当今中国青年所十分熟悉的数学家,他在中学时就对数学产生浓厚的兴趣,其中有老师的启迪,有自己的钻研.他选择当代最难的数学问题之一——哥德巴赫猜想,也是为着显示我们中华民族的智慧.陈景润在新中国诞生之后才上大学,他在厦门大学有一次听他所尊敬的李文清教授讲拉马努金的故事.拉马努金没上过大学,是一个穷职员的儿子,却以自己的成就显示"东方古老的智慧",他把自己做的题目选了 120 道寄给大数学家哈代,震惊了哈代.拉马努金虽然只活了 33 岁,但他的数学思想为全世界所注目,为许多数学家所研究.1987 年在美国的伊利诺伊州的 Urbana Champaign 大学还举行了他诞生百年的纪念会.陈景润当时想到:"印度的拉马努金能做到的事,难道我们新中国的青年就做不到? 我就不信."同时他深信"祖国的科学事业需要数学."爱国主义的精神一直鼓舞着他从事数学研究,爱国主义是他对数学产生兴趣的重要源泉.

陈建功是我国现代数学的开拓者之一,他 20 岁毕业于杭州师范大学(浙江官立两级师范学堂)之后,是在科学救国使古老的神州国富民强的强烈愿望鼓舞下投身数学的.心爱的国家和心爱的数学紧紧相连,在日本留学期间,更是为使国家在科学上不落后于人、为中国的繁荣富强所激励.

中国数学家的爱国主义传统在华罗庚、苏步青等众多的数学家身

上得到充分的体现.尽管各自走过的爱国主义道路不尽相同,但他们都将数学自身的兴趣与爱国主义情感汇合在一起.

阿基米德为保卫祖国而从事几何学的研究直至最后死在敌人刺刀下的故事鼓舞过许多人.法国最优秀的女数学家吉尔曼(Germain)就是受到这种鼓舞而走上数学创造道路的.作为一名女性,她在从事数学学习与创造的道路上遇到了特殊的困难,但她的志趣,她的信念,帮助她克服了这些特殊的困难,她是在库默尔之前对费马问题的研究有很大贡献的人.

5.兴趣的下降与泯灭

兴趣不是天生的,兴趣可以培养起来,培养起来了的兴趣也可能泯灭.兴趣的来到也许很突然,兴趣的消失也可能悄悄然.但如果爱护她,发展她,就能持久,乃至伴随终生.

对数学兴趣下降的原因不外是前进道路上挫折太多;其他职业的吸引;某种哲学思想的波及,等等.所以,单靠兴趣还是不行的.法国数学家巴斯卡由对数学的浓厚兴趣转为对数学的腻烦是令人深思的.

3.6 毅力和意志太重要了

在数学创造的道路上也有幸运者,在很短的时间内取得重大成就的大有人在,但科学创造并不是总靠运气的.对于同一个人来说,在这个问题上的突破很迅速,但在另一个问题上也许就需要持久战.

爱因斯坦花了 40 年探讨宇宙的统一性问题,在数学界的情况如何,我们看看如下例子:

笛卡儿为解析几何的创立思索了 19 年;

哈密顿为四元数的诞生琢磨了 15 年;

陈景润为"1+1"奋斗了 30 多年;

许多人为一个数学问题而奋斗终生;

······

甚至,同一个数学问题,要有几代数学家为之而奋斗、献身:

欧氏平行公理的可证性问题,两千多年来,人们为之苦思冥想;

正多边形的规尺作图问题也经历了两千年以上,直至思索到高斯时代;

不要说整个数的世界,单是一个 π(圆周率),几千年来,又有多少人去探索它;

费马问题已经被研究了 300 多年;

哥德巴赫问题吸引全世界数学家的注目,攻关的时间已持续 200 多年了;

四色问题提出后对其研究的时间也超过一个世纪并借助于计算机才得以证明;

一份完整的球的同伦群和经典李群的表,经过了好几十年的研究,花费了好几个世界闻名的数学家的大半辈子数学生涯,才列出了它;

莫德尔(Mordell)猜想经过 60 年之后才为一位青年数学家最终证实;

比伯巴赫猜想在 1916 年提出后也经历了 60 多年之后为一位 50 多岁的数学家解决;

高斯提出的类数猜想,经过一个多世纪后才于 1968 年解决;

……

研究者的道路各异,但勤奋和毅力对于每个人都是绝对必要的.罗宾斯说:

"年轻人要掌握它(数学)必须经过辛勤的探索,一步一步地积累,有一个循序渐进的过程.无论使用多少技术、训练和机器,都没有理由使我相信数学知识在将来会有巨大的简化,或变得非常容易接受.无论在训练和器具方面投多少资,没有人能在 5 秒钟内跑完 100 米.在利用人的大脑方面也是这样,今天人类的头脑与五千年前没有什么差异."

如此艰苦,又如此持久的奋斗,但投入其中的总不乏其人,这是多么壮观的历史场面啊.

华罗庚曾说:

"面对悬崖峭壁,一百年也看不出一条缝来,但用斧凿,能进一寸进一寸,能进一尺进一尺,不断积累,飞跃必来,突破随之."

这里说的就是要有顽强的毅力,坚强的意志.有此,亦必会有进展,取得丰硕的成果.历史就是这样记载的.

一个创造者的一辈子,大抵都要经历一些速战速决的战斗,也要经历一些旷日持久的战斗.但曲折、挫折必定会存在的.没有毅力、意志,难以将数学创造持续下去.最重要的仍然是做好旷日持久地进行探索的充分准备;这样,反而你有更多的可能碰到一些好的机遇.

3.7 保持和培育你的好奇心

爱因斯坦说:"我没有特别的天赋,我只有强烈的好奇心."一个人的一生中,其好奇心最旺盛的时期莫过于儿童阶段,那时候,什么都感到新鲜,什么都问:这是什么? 这是为什么? 应当怎样做? 为什么这样做? 等等.大人不注意的事,小孩注意了;大人认为没有问题的事,小孩提出问题了……常常看到大人回答不出小孩的问题,或者吱吱唔唔,或者不屑一顾,甚至感到厌烦,其实是大人丧失了宝贵的好奇心.儿时的好奇心,或因久而久之,习以为常,好奇心渐渐减弱了;或因教育之不得法,不懂得儿童思维发展规律,泯灭了儿童的好奇心.可以说,这也是对人的创造力的一次毁灭性打击.

好奇心帮助我们撞开创造的大门,好奇心是想象力的起点,好奇心是科学创造的重要心理动力.没有好奇心,由一些点、线、面组成的几何图形在我们面前就会变成十分单调的东西;没有好奇心,那些烦絮的数字和符号会使人感到十分枯燥无味;没有好奇心,那无限的世界会黯然失色.还是爱因斯坦说得好:"谁要是不再有好奇心也不再有惊讶的感觉,他就无异于行尸走肉,他的眼睛是迷糊不清的."

我们又回到自然数 1、2、3、4、…这似乎是很单调的,但富于好奇心的人们,发现了一系列的现象,产生了一系列问题或猜想:费马猜想,哥德巴赫猜想,高斯-勒让德猜想,黎曼猜想,华林猜想,伯特兰猜想,波文猜想,孪生素数猜想,商高数猜想,默森素数猜想,莫德尔猜想,韦尔猜想,卡拉比猜想……这些猜想变成一种推动人们去进一步创造的动力.

强烈的好奇心能增强我们的观察敏锐性,使我们在创造活动中持久地保持兴奋状态,使我们及时发现问题而不致在问题面前视而不见,听而不闻.

强烈的好奇心使我们遇事要寻根究源,对令人满意的现象也一定要找出令人满意的解释,使我们在创造活动中思想活跃,想象丰富.

强烈的好奇心甚至能帮助我们在创造活动中增强心理力量,在挫折面前毫不动摇,在"山穷水尽"之时仍要寻求"柳暗花明".

英国科学哲学家贝弗里奇(Beveridge)说:

"也许,对于研究人员来说,最基本的两个品格是对科学的热爱和难以满足的好奇心."

所以,保护和培育好奇心显得特别重要.

好奇心受到挫折的原因主要来自三个方面:一是迷信权威(包括人的权威,书本的权威),二是守旧,三是害怕他人的冷漠和嘲笑.权威是存在的,可尊重的,但不可迷信,许多数学家是可敬可信的,但并不意味着他们都十全十美,无懈可击.至于已有的知识(包括书本),只能使之成为继续创造的条件,不应使之成为揭示新知识的障碍.如果过于自尊,害怕他人的讥讽而不敢提出新见解,新问题,好奇心则更易受到挫折.随着年龄的增长,好奇心减弱甚至被扼杀的可能性增大.所以,每个人都应当明白保护和培育自己的好奇心,对于保持和发展自己的创造力关系极大.

社会,尤其是教育,应当担负起保护和培育人们的好奇心的责任,应当建立起良好的环境和条件.难怪英国皇家学会的会徽上嵌着一行字:"不要迷信权威,人云亦云."

一个优秀的教师更应当懂得爱护学生的好奇心,否则就与教育的目的背道而驰.常见有的教师对学生的发问或某种奇特的见解表示怠慢甚至蔑视,这是最为有害的.教师要像园丁爱护花朵一样爱护学生,爱护学生的好奇心.

3.8　社会心理因素与数学创造

对科学创造活动发生影响的社会心理因素,总计20多种:社会对科学创造活动的需要,社会安定感,社会舆论,爱国主义情感,科研的群体意识,科研的群体士气,研究集体的人际关系,研究集体的学术空气,研究集体的创造气氛,个人荣誉感,集体荣誉感,个人的科研道德,集体的科研道德,科研合作,科学友谊,科研的竞赛心理,奖励的心理作用,提职的心理需要,领导的信任感,物质的需要,工作的心理压力,工作习惯,模仿,他人暗示,交往能力等.

上述社会心理因素中的开头几项与社会的发展和繁荣紧密相连.数学的历史表明,数学的繁荣与社会的繁荣是分不开的.希腊时期繁荣的数学及数学家群体的出现与当时社会的繁荣联系在一起.微积分发端于牛顿的故乡——英国与资本主义工业的兴起也是联系在一起的.在 18、19 世纪世界经济的中心转移到欧洲大陆的同时,德国、法国的杰出数学家群体涌现出来(在 18、19 世纪世界杰出数学家的名单中这两个国家占有极大的比例).当今美国数学的繁荣与美国社会的发展同样也分不开;旧中国数学长期处于落后状态,与新中国数学的蓬勃发展形成对照;在新中国历史上出现的一段数学停滞乃至倒退的时期正是使社会大动荡的"文革"时期.每位数学家都毫无例外地懂得:社会的安定与繁荣对于数学的发展有多么重要.

希尔伯特是一位横跨 19 世纪和 20 世纪的数学家,他是德国数学家,但毫无疑问也是一位世界性数学家,他在数学的众多领域有许多开创性成果.当今的数学家还没有一位能与他媲美.他的成功不是偶然的.他良好的个人心理素质和良好的社会心理素质,将会带给我们很多启示.

希尔伯特在青少年时期,记忆力并不好,对新概念的理解也并不特别快,甚至有时显得比旁边的人似乎来得迟钝;但他很勤奋,力求真正的理解.后来的事实证明,希尔伯特的智慧一点也不差,但他仍然是那样刻苦、勤劳.二重积分、三重积分的计算已非易事,而他曾耐心地计算过四十多重的重积分,他有着计算到底、论证到底的坚强毅力.

在大学学习期间,比希尔伯特年幼的闵可夫斯基已显露出才华,已有相当的影响.希尔伯特的父亲曾告诫他不要冒冒失失地去与这样知名的人交朋友.但希尔伯特并没有胆怯的心理,而在与闵可夫斯基的更密切的交往中使自己和朋友都获得益处.

希尔伯特一直保持着对数学的好奇心,以致在 1900 年的巴黎国际数学大会上他一次集中提出了当时世界数学范围内几乎所有重大的数学问题,这些问题又激励着 20 世纪的众多数学家为之奋斗,给 20 世纪的数学以深刻的影响.

希尔伯特不仅有良好的个人心理素质,他良好的社会心理因素也能带给人启迪.希尔伯特开始上的一所中学是因循守旧的,这对他曾产生过不利影响,后来才转到一所较好的学校.他所进的大学充满了自由学习的空气,学术气氛十分浓厚,这对他的成长起了重要作用.

希尔伯特受益于一些优秀导师的引领.在撰写学位论文时,希尔伯特开始是想研究"连分数的一种推广",后来指导教师林德曼(π的超越性的证明者)告诉他"那早已由雅可比做出了",并建议他改做代数不变量的问题.结果取得成功.林德曼作为一位忠实的导师还为希尔伯特请来了许多他认为比他更优秀的教师.

希尔伯特的成功还得益于他与其他数学家之间良好的人际关系.他年轻时与赫尔维茨、闵可夫斯基建立了深厚的友谊,三人每天下午五点准时到苹果树下散步.希尔伯特回忆说:"日复一日的散步中,我们全都埋头讨论当前的数学问题;相互交换我们对问题新近获得的理解,交流彼此的想法和研究计划."这三个人几乎考察着数学世界的每一个王国.赫尔维茨虽然只比希尔伯特大五岁,但给了希尔伯特十分有益的影响.

3.9　科学合作与友谊

科学合作与友谊本为社会心理要素之一,但我们单独作为一节来叙述.

数学似乎看不到某些实验科学中常见的那种大规模的集体合作,但数学也是一项合作的事业,即使最伟大的数学家也需要与他人进行这样或那样的合作.希尔伯特的有关事迹已为人所熟知.当今最伟大的数学家之一爱尔多斯同时也堪称与他人进行过最广泛合作的人,与之合作者数以百计.

这里所说的合作当然不只是后人对前人的继承与依赖这种"纵"向的合作,而特别指同一时代数学家之间进行的那种"横"向合作.

如果说数学研究中群体合作的意义只在于信息的交流,那是很不够的.数学研究中加强合作不仅仅提高交流的速率,更重要的是有直接的相互启迪作用,群体的有效合作将放大和增强其个体的智力,群体的智力水平将因此超过各个体智力水平之总和,即我们常说的"1+1>2".

科学研究中的群体作用还可促成边缘学科的诞生. 美国数学家维纳与物理学家、生物学家、生理学家、心理学家、医学家、工程师等合作创立了对现代科学技术发展有重大影响的控制论就是一个范例.

科学研究中的群体作用还有利于打破习惯性思维带来的局限,有利于活跃思维从而增大创造性思维的广度和深度,有利于触发灵感,科学友谊与合作是增强创造意识的珍贵的社会心理因素.

我国数学界的数论研究的一个群体是值得一提的. 下面是《科学技术工作者光荣的历史使命》一书中的一段记载(人民出版社,1983年):

"数学研究向来被认为是个人色彩浓厚的科学研究,但事实上并不完全如此. 从表面上看来,数学工作者习惯于一张纸一支笔,给人的印象是喜欢离群思索,精神贯注集中思考于斗室之中,似乎不问世事. 但事实上,数学家的工作是具有集体性、社会性和群众性的,虽与其他工作形式有别,实质上却并无二致. 不论是研究的课题或研究的方法,它们或则来自当代现实与客观实际,可以得之于文献,也可以得之于交谈. 通过对它们的吸收学习,综合分析与合理加工,使认识有进一步的深入,对课题的研究,才能有所前进有所创造. 研究数学一般来说不需要仪器设备,但通过文献阅读,交流切磋,和其他的学术活动的方式,每一步的前进都离不开前人、古人和师友同行的启发与协作. 那种灵机一动异想天开的天才论之说,只能蒙骗一些外行无识之士. 哥德巴赫问题的研究过程也正好说明了这一点. "……在我国,新中国成立以来,当时在科学院数学研究所的华罗庚教授,以及在北京大学的闵嗣鹤教授,以他们自身从事数论研究的深邃造诣与实践经验,引导一些年轻有作为的同志进入了这一领域. 在他们的领导之下,首先是数学研究所的王元同志(后曾任所长——引者注)在 1956、1957 年相继证明了重要成果'3+4'与'2+3';接着 1962 年山东大学讲师(现为教授——引者注)潘承洞同志取得了关键性进展'1+5'. 在我国的此后几年间,王元、潘承洞等同志进行了一场由'1+5'到'1+4','1+3'(后一成果苏联学者先发表)步步进逼的攻坚战,终于

在 1966 年,数学研究所的陈景润同志取得了'1+2'的成绩,
即大偶数可以表为一个素数及一个不超过两个素数的乘积
之和. ”

陈景润 1973 年发表了“1+2”的详细证明,得到国际上公认.1978
年,潘承洞、王元、丁夏畦等数学家又对陈景润的“1+2”定理的证明作
了较好的简化.这项成就似乎是个人分散进行的,实际上显示了群体
的巨大作用.

数学研究中的群体的一个重要形式是学派.一个学派的形成一般
都能给数学增加某种特色、对数学发展起到积极作用(门户之见是一
种例外).

布尔巴基(Bourbaki)学派是著名的例子之一,这个学派对于拯救
一次世界大战以后的法国数学起了很大作用,也影响了国际数学界
(褒贬不一),这个学派也有领袖人物,也不乏杰出的个人,但它的群体
效应更惹人注意.布尔巴基学派的一个重要人物丢东涅(Dieudonne)
曾说:“从时间及空间上看,学派并不是一成不变的,但是一个学派往
往具有连续不断的传统,共同的大师,偏好的主题或方法. ”

20 世纪初兴起的莫斯科数学学派是以鲁金(Лузин)为共同大师,为
领头人的.Лузин 在函数论方面(包括集合论、测度论、积分论、三角级数
论等)有许多精细的、开创性的工作.他与一批有才干的数学家组成友
爱的集体,其中包括苏斯林(М. Я. Суснин)、明索夫(Д. Е. Менъшов)、辛
钦(А. Я. Хинчин)、阿历克山德洛夫(Л. С. Александров)、乌雷松
(Л. С. Урысон)等世界知名的数学家.这个学派的传统和偏好也清晰可
见,鲁金的函数论方法被这个学派的许多人物应用到数学的各个领域,
乌雷松和阿历克山德洛夫应用于拓扑学;辛钦和什尼列里曼(Л. Г.
Шниренъман)应用于数论;辛钦、柯尔莫果洛夫(А. Н. Колмогоров)和格
里文科(В. Ц. Гливенко)应用于概率论;留斯铁尼克(Л. А. Люстерник)
应用于变分学;拉夫连捷夫(М. А. Лаворентъев)和明索夫应用于复变函
数论.形成鲜明的学派特色.

19 世纪形成的柏林数学学派是以魏尔斯特拉斯为核心的,这个
学派包括弗洛比留斯(G. Frobenius)和克林(W. Killing)这两位数学
家.魏尔斯特拉斯擅长的是分析,弗洛比留斯和克林的工作虽然远离
数学分析领域,但他们都用魏尔斯特拉斯的哲学观点指导工作.克林

把他的论文看成魏尔斯特拉斯理论的几何解释,他强调要用分析方法揭示出所有的几何可能性.魏尔斯特拉斯作为领头人,其哲学思想起到了很大的推动作用.

比学派更广泛的是各种双边和多边的合作.Atiyah 与很多人的合作就是一个生动的例子,与之合作者包括辛格尔(Singer)、希尔泽布鲁赫(Hirzebruch)、波特(Bott).他说:

"我经常与人合作,我认为这是我的风格.这有许多原因,其中之一是我涉猎于好几个不同的领域.不同学科的东西有相互作用这一事实正是我有兴趣的;有的人在另一些方面知道得多一些,可以补充你的不足,与他们合作是很有帮助的.我发现与别人交流思想是非常激励人的."我同许多人合作过.其中一些,应该说其中许多人,合作持续多年而且是广泛的.这一方面是由于我的性格,我喜欢与别人交流思考方式.另一方面也是由于我喜欢搞的数学面比较广,因而很难自己一人完全了解透彻.周围有对另一些领域知道得较多的人是很有益的.例如,我与 Singer 合作,他的分析强得多,我则较弱,而我对代数几何及拓扑知道得更多.

"这种合作是完完全全的交融;我们首先统一感兴趣的东西,然后互相学习对方的技巧."

德阿柯尼斯与他人的合作是另一个生动的例子.他与加州大学 Berkeley 分校统计系主任弗里德曼(D. Freedman)合作写过 25 篇论文.这种合作对于 Berkeley 与 Stanford 成为世界上重要的数理统计中心有很大作用,这里有"Berkeley-Stanford 轴心"之称.德阿柯尼斯认为与人合作是一大优点,既有趣,又激励人,可以和别人在友好的气氛中竞赛.德阿柯尼斯的看法与阿蒂亚如出一辙:

"我认为由于要用的工具太多了.我跟 Ron Groham 合作时,我懂概率,他懂组合,而且我认为没有人两者都懂;跟 David Freedman 合作时,我有一些来自应用的统计问题,而他是一个超级解题能手.合作对我来说意味着愉快地交谈,取长补短,确实是一大快乐."

年长的数学家保持旺盛的学术朝气的一个重要方式是与青年数学家的合作.罗宾斯在 65 岁前后的五年内发表的论文超过 18 篇之

多.有人问他保持旺盛创造力的秘诀是什么,他回答说:"我很幸运地找到了一些出色的年轻人跟我合作."显然他也有跟年轻人合作的那种气质,他继续说:

> "也许回答你的问题的真正困难在于:你正在与一个栖居于 67 岁老人体内的 16 岁的顽童交谈.你看到的是老人,只怕听到的是顽童."

数学家之间的合作通过双边的,多边的,大、小型会议的,学派的等多种形式进行.许许多多的数学研究所事实上都在努力使自己成为合作进行研究的中心.一些著名的研究所成了科学合作的典范,成为举世瞩目的数学中心.

普林斯顿高级研究所无疑是最重要的数学中心.那里吸引着世界上最优秀的数学家,它有一些终身研究员,但更多的人到那里是做一段研究工作或进修的,他们到那里待一个学期或一年,然后再回去.那里可以说是一个广义的会议中心,人们在那里碰头,交流思想,然后回去,再进行他们的工作.去那里,一般地说,将增进或帮助人们接触最先进的数学思想,保持活跃的兴趣,同时也帮助或引导人们进入那些最富有成果的领域,既可能推动人们当前的工作,也可能将人们引导到新的有成效的研究方向.那里提供广泛的合作机会.我们曾多次提到的阿蒂亚,他在取得博士学位后仍未寻找到在数学上的归宿,仍不清楚将来在数学世界里干什么.他于 1955 年(当时 26 岁)到达普林斯顿,跟来自世界各地的、各种能干且具有不同思想的青年人、老年人接触,碰到过 Hirzebruch,Serre,Bott,Singer,Kodaria,Spencer 等许多数学家.将近一年之后,他便满载着新思想和新方法回到自己的国家——英国.这种有效的合作与交融对他以后的发展产生了巨大的影响.

众所周知,哥廷根曾经是世界上重要的数学中心,然而到 20 世纪 30 年代即已衰落.战后,一些德国人为重振德国数学而努力.E. Artin、C. L. Siegel 等一些著名数学家返回德国,在美国的 Courant、Weyl 等一些大数学家对德国的后起之秀进行培养,提供机会.1955 年,在普林斯顿工作过的战后成长起来的优秀青年数学家 Hirzebruch 决心在波恩建立起一个能与普林斯顿相媲美的机构,在 Hirzebruch 的领导下建立起了著名的 Max-Plank 数学研究所,使之成为德国的

"普林斯顿".

一个数学中心,最重要的是两个因素,一是有一批相对固定的最优秀的研究人员,二是有良好的工作条件.美国加州 Berkeley 是另一个兴起的重要中心,这里有一批最优秀的数学家,如陈省身,I. Singer,C. Moore,I. Kaplansky. 然而,似乎第二个条件稍差一些.1979 年由陈省身、Singer、Moore 联名向华盛顿的国家科研基金会申请建所,同时申请的有十几家,经过漫长的评审过程,Berkeley 终于获得成功,得到最大的资助.这个研究所也模仿普林斯顿.它除了邀请国际性领袖人物外,还邀请年轻的学者,通常接纳 70—80 名数学家.它提供了一些独特的工作条件,除单独的工作场所外,还让你一出门就得与人接触,每天下午 3 点 15 分有一次茶点,这源于英国大学的传统,为的是使人们有更多的机会在一起交换思想.

四 数学创造动机与应用

4.1 数学创造的不同动机

成千上万的人投入数学研究工作,但他们的研究目的并不都是一样的,仅就与数学的应用相关联的动机而言也不尽相同.

一类是为着创造可直接应用于工程技术及其他科学技术的工具,应用于经济与社会,这是从事应用数学研究的一类人.

还有一类人是为了解释物理世界、化学世界、生物世界……并发展相应的方法和模型,这类人所从事的也属于应用数学范畴,但抽象性高一些,应用也可能间接一些.

另有一些人把数学作为一门学问来研究,并选择那些具有潜在应用性的领域深入下去,这种情况下,数学创造并非直接为着某种应用,充其量是估计其应用前景可能比较好.

此外,还有一些人完全是为了数学本身的目的而在研究数学,创造应用于数学本身的各种工具,发展各种理论,以解释何种方法、技巧及何种模型是有价值的.这类研究的应用前景是难以估计的.

一种学科的应用性如何是人们普遍感兴趣的问题,然而这本身就不是一个简单的问题.

为了应用,我们对上述第一类动机下的数学创造是会重视的,它直接为着工程技术,直接推动生产;第二、第三类或许也不会忽视,第四类会被轻视吗? 首先应当问:它有理由被轻视吗? 它似乎为数学而数学,它不考虑或很少考虑应用,它有时甚至只是数学美学鼓舞下的一种创造活动,它值得重视吗? 我们随后的论述将表明:轻视第四类动机下的数学创造活动将是十分危险的.

4.2 未曾预料到应用有如此之广

已知一个区域中各点的温度（这个开始所知的温度叫初始温度），随着时间的流逝，温度如何变化，热量将按怎样的规律扩散出去？

法国人傅里叶对大气温度和气候等自然现象感到新奇，他提出了这一问题，并着手解决这一问题. 这种情况大约属于上一节所说的第二类的研究动机，它是为着解释物理世界，它多少与应用联系，但并非直接的应用动机，更未料到这一研究将会如何有用，将会在哪些方面、哪些部门有用.

傅里叶首先给出热扩散方程. 傅里叶最重要的设想是，如果热量的初始分布具有振荡的特性，那么它在实质上会是正弦波. 为了利用这一特点，傅里叶先将热量的初始分布分解成一些正弦波之和，然后逐一求解由此衍生出来的一些更为简单的问题，随后再将所有这些具有振荡特性的成分（称为谐波）的解叠加，即得出一般问题的解.

当时的法国数学家拉格朗日等人断然否定傅里叶的上述想法，因为他们不相信用这种谐波就足以把各种各样的函数表达出来，并认为傅里叶不够严谨（这已是十分尖锐的批评）. 但傅里叶以坚韧不拔的精神在当时数学界的巨头们散布的怀疑气氛中锲而不舍地继续自己的研究. 在傅里叶就热传导问题写的文章获得科学院的数学大奖之后，他仍然难以找到发表自己著作的地方，因为人们对傅里叶方法的普遍性和严密性仍持有很大的保留. 傅里叶在这种沉重的压力下不懈地工作了 20 个年头. 1822 年终于发表了他的不朽著作：《热分析理论》.

傅里叶解决上述问题的思想和方法后来被简称为傅里叶分析. 傅里叶是从研究自然界开始的，并认为这是发现自然现象的可靠方法，但他未曾预料到这种方法竟然有非常广泛的应用.

傅里叶分析出现 15 年之后，麦克斯韦建立了描述电磁波的方程，傅里叶分析马上就成了一种主要的方法，用于研究这种波和这种波的各种谐波成分——X 射线、可见光、微波、无线电波等.

许多电学仪器和电子装置，包括核磁共振谱分析仪和 X 射线晶体衍射谱分析仪，都是根据傅里叶分析制造出来的. 在 20 世纪中，傅里叶分析使人们对量子理论以及所有的现代化学和现代物理有了一个基本的认识.

傅里叶的思想对于工程也具有非常重要的意义. 从傅里叶分析中发明了时间序列分析, 这种方法在石油勘探中被利用于分析可能含油的岩石间的地震波.

人们从傅里叶分析中导出了拉普拉斯变换, 这种变换为每个学习微分方程的学生所必须知晓. 在傅里叶变换、拉普拉斯变换、亥维赛 (Heaviside) 变换基础上形成的运算有广泛的用途. 它不仅用于解决电气工程, 它还影响到计算机辅助层面摄影 (即断层扫描) 的发明, 在实际造出一台断层扫描仪时, 人们在微机处理中使用卷积变换的算法. 科马克和亨斯菲尔德因断层扫描获得了 1979 年诺贝尔医学奖.

傅里叶分析也用于数据处理, 对数据进行傅里叶数值分析成了数据分析中的一种常规手段.

将声音分解成谐波分量, 就使计算机能识别出人们的讲话和声音.

对照片 (如人造卫星拍摄的地球上不同地区的照片) 做类似的处理, 可以使图像更加清晰逼真.

傅里叶分析不仅应用于工程、物理、化学、医学、图像识别等, 而且还广泛应用于数学本身. 在微分方程、群论、概率论、统计学、几何学乃至数论中, 都要用到将函数分解为基频的问题, 都要用到傅里叶方法. 在哈佛大学图书馆的分类卡上, 关于 "傅里叶" 的条目有 200 多条, 前 10 条是: 概率论中的傅里叶分析, 多复变函数论中的傅里叶分析, 时间序列的傅里叶分析, 局部紧的阿贝尔群上无界测度的傅里叶分析, 群上傅里叶分析与偏波分析, 局部域的傅里叶分析, 矩阵空间的傅里叶分析, 自守形式的傅里叶系数, 傅里叶积分及其应用, 傅里叶积分与偏微分方程.

19 世纪中叶的狄里赫勒级数、黎曼级数受到傅里叶级数的启发, 前者后来又导致今天研究的 L 级数. 这些思想把级数与群表示论统一起来. 从傅里叶分析中还得出了函数空间 [如索波列夫 (Соболев) 空间、施瓦茨 (Schwarz) 空间、广义函数空间等] 的概念, 而函数空间乃是泛函分析的基础. 在这些空间中, 我们又可以分析线性或非线性微分方程及其推广——拟线性微分方程, 分析傅里叶积分算子. 还可用这些方法研究奇点的性质对奇点的传播.

傅里叶分析及其后来的应用情况有力地说明,某些数学家虽其数学创造的动机主要是为着说明或解释世界,可是却带来了预想不到的广泛应用.这有力地说明,先进的数学思想能显示出巨大的威力.

4.3 并非出于应用动机的数学创造

数论、复数、群论、非欧几何,这些理论产生之初,完全看不出有何应用的动机.这些数学创造虽然远溯其源也能找到某些实际的背景,但常常被看作是理性的产物,然而后来它们几乎毫无例外地显示出巨大的应用前景,这种过程的确是耐人寻味的.

1. 关于数论

数论历来被认为是纯粹数学的代表,几千年来,数学家大多是为着数学自身的目的而在研究着它,而且数论是一个永不衰竭的论题.

近代英国杰出的数学家之一哈代(Hardy)曾说,他搞数学纯粹是为了追求数学的美,而不是因为数学有什么实际用处.他还曾充满自信地声称,他看不出数论会派上什么用场(他本人就是一位杰出的数论专家).但是,仅仅过了 40 年,抽象的数论竟然与国家的安全发生了联系,素数的性质成了编制一种新密码的基础.我们知道,默森编制的数表中有一个 69 位的数字,其因子分解是在 300 年之后用一种特殊的计算机经过 30 多个小时运算才得以完成.素性检验是十分困难的.对于素性,虽有一些检验方法,然而对于一个大约 80 位数的因子分解还没有一种公认的方法.当然,作为例外,由一些小素数的积做成的大数,例如 $2^{100} \times 3^{50}$,是很容易用试除法分解的.但是,一个由两个100 位的素数的积做成的 200 位的数的分解,则超出了目前任何已知的解决方法的应用范围.正是这一事实被用来设计一种非常安全的密码形式,它称为 RSA 公开电码系统[RSA 来源于发明这一系统的三位数学家里弗斯特(Rivest),沙米尔(Shamir),爱德尼曼(Adleman)].在 RSA 系统中,对一条消息,编码就相当于乘两个大素数,译码则相当于因子分解这个乘积,前者是很容易的,后者一般则是很难很难的.

数论除应用于外部世界外,也应用于数学自身的其他分支,数论应用于数值分析是其一例.这方面,我国数学家华罗庚和他的学生王元取得了显著成就.华罗庚是我国杰出的数学家,早在 20 世纪 30 年代就已在数论方面取得重大成果,仅于 1936—1938 在剑桥的两年期间就发表了 15 篇论文.他对华林(Waring)问题、华林-哥德巴赫(Goldbach)问题都有深入的研究,他对圆法发展所做的贡献在世界上与少数几位数学家齐名.他在 40 年代已成为世界性的领头数学家之一.也正是华罗庚,后来在如此抽象的数论领域做了一件事,使人们进一步看到了数论应用的一块宽阔天地:他和王元一起对数论在数值分析中的应用做出了重要贡献,1978 年华罗庚与王元合作写出了《数论在近似分析中的应用》一书,此书随即于 1981 年被译成英文,由著名的斯普林格(Springer)出版社出版.被国际上称誉为华-王方法的要点是构造代数数域的特殊整底,用一组独立单位或线性递推公式来构造整底的联立有理逼近及偏差估计.1982 年美国数学协会的会刊载文评价华罗庚-王元的著作说:"就抽象的纯数论的实际用处而言,这本身就是一个光彩夺目的例证",它对数值积分以及微分方程和积分方程求解做出了最有价值的贡献.

除了数论在数值分析中的应用外,近几十年来,数论在密码学、结晶学、理想气体、计算机理论、随机数的产生等方面都有许多的应用.这种趋势使我们有理由期待数论应用的进一步扩展.

2. 关于复数

复数是在 16 世纪为求解二次代数方程而引进的,当初引进复数,谁也不是为着哪一种应用,而是为着数学自身的方便,甚至是不得已而为之,在很长一段时间内复数在数学领域内还难以站住脚,笛卡儿后来把新的数叫作"虚数"就出于当时的认识.谁曾料到 3 个世纪之后,黎曼把物理问题与复变数函数联系起来,而自从有了黎曼等人的理论,复数理论立即展现出广阔的应用前景,又一个纯粹数学对象开放出多彩的应用之花.

复变函数中的共形映照方法被儒可夫斯基(Жуковский)用来确定飞机机翼的形状,分析机翼周围流体流动的规律,使飞机的设计发生了根本性变化.复变函数已成为描述流体流动和汽车设计、轮船设计的重要工具.

1920 年,贝尔实验室的科学家开始利用复变函数理论来设计滤波器和高增益放大器,这使人们有可能进行远距离电话的通信.

尼奎斯特利用复变函数的幅角原理建立了关于反馈放大器稳定性准则,尼奎斯特图在数学上直观易懂,它已成为人们理解和克服反馈失稳现象的得力工具.

复变函数方法在数学自身的应用是多方面的,它在数论方面的应用就是一个典型的例子.数学中众多的问题在复数领域内得到完满的统一.

复数诞生之初,未曾料到它会有如此巨大的应用价值,在它出现后的一段历史过程中,又有人贬毁它,排斥它,更多的人对它感到迷惑、茫然.如果当初复数真的因其应用背景尚不清楚而被排斥,那么,不仅难以想象今天的数学是个什么样子,人类生活所受到的影响也难以想象.

3. 关于群论

自从有了文字系数的代数方程,人们很快就找到了二次方程 $ax^2+bx+c=0$ 的求根公式(中学生都知道这是 $\frac{-b\pm\sqrt{b^2-4ac}}{2a}$),尽管当初常常有人们不太熟悉的复数出现.不久,三次方程、四次方程的求根公式(方程的根通过系数的五则运算——加、减、乘、除、开方来表示)也得到了.五次或五次以上的方程也可找到这种公式吗?人类经历了两个世纪的思索之后,终于在19世纪之初,由伽罗瓦通过引入群的概念(当初以置换集的形式出现)和理论才最终解决了这个问题.可见,除了为着数学自身的这个目的(探求求根公式可能性)外,群论创立的直接动机并未涉及外部现实世界的应用.所以群论被视为纯粹数学.

在群论诞生后的100年时间里基本上还不是物理学家、实验科学家所理睬的对象.直到1910年,普林斯顿大学的一位数学家和一位物理学家在讨论课程表的时候,那位物理学家说,他们无疑可以删掉群论,因为它绝不会对物理学有用.没过20年,三本关于群论与量子力学的书已出版了.

20世纪初,德国女数学家爱米·诺德(Emmy Noether)发现了对称群和经典力学中一些守恒定律(如能量守恒定律、角动量守恒定律等)之间的一般联系.

在量子理论中,电子自旋于 1925 年发现之后不久,维格纳(Wigner)和韦尔(Weyl)就看到这种自旋是属于群论的内容.这种群就是所谓 SU(2)群,它与三维空间的旋转对称有着非常自然的联系.电子自旋的两种状态(上旋和下旋)可以理解为SU(2)的一个"基本表示"中的元素,并说明为什么将发光原子放置在磁场中时会产生光谱线分裂的现象.

此后,群论成为物理学和化学的重要工具.对原子和分子的发射光谱和吸收光谱作分类,在本质上可归结为对置换群和 SU(2)的研究.群表示论还能精确地说明,为什么在一种物理状态下有关力没有完全的旋转对称性.旋转对称(点群)的有限维子群描述了晶体对称性以及凝聚态物理和化学中许多其他的特性.

1939 年,维格纳运用爱因斯坦、洛仑兹(Lorentz)和庞加莱群得到了狭义相对论的正能量表示.维格纳发现,相对性群的每一种表示都可用两个内蕴数来刻画,即"质量"与"自旋".这样,质量和自旋渊源于一种基本的对称性,即特殊相对性.这一发现之后,量子理论的一个物理粒子就可以看作是一个数学对象——群的表示.

从 1950 年开始,大型加速器已经产生出几十种新粒子.人们非常希望对这些粒子做出清楚的解释:怎样解释这些粒子的质量、自旋以及其他一些内在的性质? 这些粒子之间的相互作用怎样? 由于数学自身的需要,数学家研究了紧群表示的抽象理论.后来人们发现,关于群表示的这些知识正好提供了寻求自然界规律所需要的信息(抽象的数学理论走在实际需要前面的又一范例!).1961 年,盖尔-曼(Gell-mann)将海森泊(Heisenberg)的质子-中子对称性推广到更大的群SU(3).他们对核力不依赖于电荷的论点做出了解释,并清晰地将许多新粒子按其性质作了分类.此外,他们发现:相当于大家熟悉的可观测粒子(质子、中子、介子等)的表示,都可用两个"基本表示"的乘积构造出来.这种基本表示的每一成分被称为"夸克"(Quark).根据数学上描述的这幅由"夸克"构成的基本粒子图,曾预见了一种名叫"亚米茄"(Ω^-)的新粒子的存在,且计算出了它的质量.1964 年果真发现了"亚米茄"粒子,此乃巴莱斯(Barnes)在实验中所确定,且其质量也与预见的相当.

群及其表示论对于数学自身的应用涉及数论、复分析、几何学、遍历理论、偏微分方程等众多的领域.当代美国统计学家 P. Diaconis 在斯坦福大学还开设了一门《群表示论在统计学中的应用》的课程,将群论系统地应用于数理统计.

群论最初为着数学自身的目的开始,可它的应用延伸到四面八方.

4. 关于非欧几何

在非欧几何创立的过程中,直接的现实应用动机是全然看不到的.

18 世纪,法国数学家萨开里就实际上接近了非欧几何,但他却最终拒绝了这种几何.19 世纪初,罗巴切夫斯基、鲍耶和高斯分别在不同的国度(俄国、匈牙利、德国)里于同一段时期内发现了非欧几何.1854 年黎曼创立了非欧几何的另一重要类型.

谈到非欧几何的创造动机,有的人甚至认为,罗巴切夫斯基、鲍耶、高斯等人只是为了满足理智上好奇心而玩弄改变平行公理的游戏,所以才创立了这种新几何.在没有看到这种新几何的任何实际背景时,这种评论也是可以理解的,但对于人类认识史的一个环节来说,这种评论却又是过分的.

的确,非欧几何不仅在创立之时,而且在创立之后的很长时间内看不到它与物质世界有何关联,大多数数学家把它只看作是逻辑上的珍奇玩意.非欧几何出现半个多世纪之后,著名的英国数学家凯雷(Cayley)于 1883 年还说道:非欧空间是一个先验性的错误思想.他不承认非欧空间的独立存在性,只承认它是一类特殊的欧氏结构或欧氏几何中表示射影关系的一种方式,虽然射影几何不能包含黎曼几何和代数几何,但他仍然说:"射影几何是所有的几何,反之亦然."德国著名数学家克莱因(F. Klein)也认为非欧几何实际上是从属于欧氏几何的,欧氏空间是必然的基本空间(这些观点都被证明是不正确的)[1]."

谁曾料到,进入 20 世纪之后,爱因斯坦应用非欧几何的理论说明

---

① 参见:克莱因(M. Kline),《古今数学思想》,第 Ⅲ 卷,346-347.

了他关于引力的基本思想,建立了相对论.爱因斯坦的广义相对论将牛顿的引力理论视为曲率很小的时空所产生的极限情形.至此我们便看到,非欧几何不仅与物质世界关联着,而且它比欧氏几何更深刻地揭示了物质空间.

除引力之外,电磁力为第二基本力.1918 年,韦尔在空间度量变换的基础上认定电磁力可从空间的几何性质推出来.在 20 世纪 40 年代前后,数学家引进纤维丛概念,并将黎曼几何改造成纤维丛理论.

非欧几何与代数等其他数学理论结合在一起成为物理学研究的强有力工具.

以上是我们看到的若干典型事例.《美国数学的现在和未来》一书(中译本,复旦大学出版社,1986 年)中有一段概括的论述:

> "人们现在更深刻地认识到一个事实:那些仅仅靠着整理自然界秩序的冲动而得以发展起来的深奥抽象的数学思想系统,最后几乎总无例外地在科学中得到了应用."

4.4 数学创造的超前性问题

与数学创造的应用相关联的一个问题就是超前性.我们已经看到,有一类数学成果本来是为了在某一方面的应用而发展起来的,过一段时间以后却在别的方面用上了;有一类数学成果并非直接为着应用,过一段时间以后(这段时间短则数月,长则数年、数十年甚至百年)被应用上了.相对于这些应用来说,相关的数学理论早在它们之前就准备好了,这就是数学的超前性.而这正是数学的优点,正是数学之被人重视的最重要的原因.

复数理论为流体问题的进一步研究作了准备.

矩阵和群论先于量子力学诞生了.

非欧几何先于广义相对论诞生了.

傅里叶分析先于电磁理论诞生了.

纤维丛理论先于规范场理论诞生了.

微分方程为海王星的发现早已做好了准备.

微分方程还为电磁波的存在作了预见.

黄金分割居然早在两千年前出现,而后至今日成为优选法的一个工具.

在众多的科学、技术领域里,数学在许许多多方面提前为它们做好了准备.应用的范围还不断扩大.应用范围越来越宽的数学成果当然能显示出更强的生命力.

微积分产生的当初只是为了解决物理和几何中的某些问题,然而,至今微积分在各个科学和技术领域里几乎是无所不在的了.

前面所说的傅里叶分析最初只是应用于热学,后来却在电磁学、光学、医学乃至数学自身的许多门类中派上用场了.

概率统计最初只是应用于博弈之类,后来被广泛地应用于工农业生产和社会、经济生活.

拓扑学最初也只是研究一笔画、多面体这一类问题,如今,拓扑学已不仅是数学家,而且成为物理学家的日常用语了.

对于数学的超前性有了充分的理解,那么对于数学创造应用动机的多样性的理解就更容易了.

强调每一个数学问题的研究都是为着某种具体的应用是不可能的.对已产生的数学成果做出其应用前景的准确预见也是困难的.因此对于数学创造中的各种动机都应予以尊重.

我们应当将大批的人组织到应用数学的研究方面去,但即使在此时也不应当忽略了创造动机多样的必要性和重要性.

数学研究的复杂性和抽象性日甚一日.数学研究的课题五花八门,不但外行人面对数学的整个领域感到困惑不解,就是在这一分支领域工作的数学家对另一分支领域也常发出类似的感叹.然而数学却比以往任何时候都更为具体,更富于生气,数学已经广泛地渗透到科学、技术和生产中去.数学的关联性和可应用性常常有许多非常令人惊讶的结果,这也许是任何其他学科所没有的现象.高等数学不管多么抽象,它在自然界中最终必能得到实际的应用;另一方面,自然界中的难题又会促使人们去发现新的数学.人们可以看到一个生动活泼的循环圈:

每一个实际的循环圈所花费的时间及具体的途径可以相差甚远.

可以说,预言哪些数学今后有实际应用价值,哪些没有,十之八九会导致错误.要准确地预计一个数学分支到底在哪些地方有用场,这更是不可能的.甚至有许多数学思想的创始人也常常对自己的思想得到的应用感到很意外.而且,如果有人断言"什么什么将永远不会有实际用途",那他肯定会受到时间的嘲弄.未来最为深刻而又实际的数学应用在今天是无法预测的.

所以,尽管大多数数学研究集中在已经提出的问题上,但数学本身的方向也不断变化,因此必须鼓励有才华的青年去探索目前人们对其价值尚不清楚甚至一无所知的课题,这类研究也许最后能够产生出崭新的观点,开拓出崭新的数学分支.

许多并非直接为着应用而产生的数学理论(其典型如前述之群论、复数理论等)为什么会表现出巨大的应用价值呢? 美国数学家格里森有一个说法:

> "数学是关于事物秩序的科学——它的目的就在于探索、描述并理解隐藏在复杂现象背后的秩序.数学的首要工具就是使我们能够将这种秩序说清楚的一些概念.正因为数学家花费了多少个世纪寻求最有效的概念来描述这种秩序的奇异特点,所以他们的工作就能应用于外部世界,而这个现实世界真可谓集复杂情况之大成,其中有着大量关于秩序的问题[①]."

4.5　数学创造的美学动机

数学创造的动机是复杂的,前面谈到与数学应用的关联.实际上,数学创造中的美学动机也是不可忽略的.

毫无疑问,与其他学科相比较而言,数学更为抽象,高度抽象,但数学也有自己的形象,不仅几何学中有许多易于理解的形象的东西,其他方面也有.在下面的式子

$$e^{\pi i} + 1 = 0$$

中有且仅有五个数 $1,0,i,\pi,e$. 这五个数都是很典型的,是最具有代表性的. 1,这是一切实数的出发点,通过它及自然数对可构造出全部实

[①]　本节有数处引用了《美国数学的现在和未来》一书.

数;0,这是所有实数中唯一的中性数;i,这是虚数的基本单位;π 和 e
是两个地位特别突出的超越数,π 的历史尤为悠久,人们研究它长达
数千年,弄清楚它的底细还真不容易;e 作为近代发现的一个超越数,
成为最普遍使用的自然对数的底.1,0 代表算术,i 代表代数,π 代表几
何,e 代表分析,这么五个具有显赫地位的数却统一在一个极简单的
式子之中,真是奇妙无比.在数学家看来,此乃美的象征之一,在数学
家的感觉里,它并不那样抽象,而主要是一种美的形象.

丑陋的形象令人厌恶,平淡的形象令人乏味,只有美的形象才使
人愉快和有兴趣.那么,数学美不美? 数学家的回答是肯定的.至于非
数学专业工作者或刚刚开始学习数学的人,数学家的回答是无论如何
也替代不了他们的回答的,数学究竟美不美,要由他们自己去观察,去
体验,去鉴赏.

诚然,我们可以把数学比作玫瑰,比作宝石⋯⋯但它毕竟不像玫
瑰和宝石那样让人一目了然,那样一眼望去就令人赏心悦目,因为数
学美,相对来说,是一种潜在美,深藏着的美,然而一旦你目睹或体验
到这种美,那么,她会比玫瑰、比宝石更吸引人,更激励人,因为她更
美,以至于美学动机成为数学创造的重要源泉.

我们似乎应当引导读者到数学的花园里游历一番,但这已经超出
了本书所能承受的范围.这里,我们只是从几位数学家的后花园里采
集几朵供读者鉴赏.

法国数学家、物理学家庞加莱认为:

"感觉数学的美,感觉数与形的调和,感觉几何学的优
雅,这是所有真正的数学家都知道的真正美感."

他还说:

"数学家非常重视他们的方法和理论是否优美,这并非
华而不实的作风,那么,到底是什么使我们感到一个解答、一
个证明优美呢? 那就是各个部分之间的和谐、对称,恰到好
处的平衡.一句话,那就是井然有序,统一协调,从而使我们
对整体以及细节都能有清楚的认识和理解,这正是产生伟大
成果的地方.事实上,我们越是能一目了然地看清楚这个整
体,就越能清楚地意识到它和相邻对象之间的类似,从而就

越有机会猜出可能的推广.我们不习惯放在一起考虑的对象之间不期而遇所产生的美,使人有一种出乎意料的感觉,这也是富有成果的,因为它为我们揭示了以前没有认识到的亲缘关系.甚至方法简单而问题复杂这种对比所产生的美感也是富有成果的,因为它使我们想到产生这种对比的原因,往往使我们看到真正的原因并非偶然,要在某个预料不到的规律中才能发现."

这是庞加莱关于数学美及其作用的一段很具体、很直接的描述.

英国数学家、哲学家罗素认为:

"数学,如果正确地看它,不仅拥有真理,而且也具有至高的美.正像雕刻的美,是一种冷而严肃的美,这种美不是投合我们天性的微弱的方面,这种美没有绘画或音乐那些华丽的装饰,它可以纯净到崇高的地步,能够达到严格的只有最伟大的艺术才能显示的那种完满的境地."

美国数学家哈尔莫斯(Halmos)认为:

"数学是创造性的艺术,因为数学家创造了美好的新概念;数学是创造性的艺术,因为数学家像艺术家一样地生活,一样地工作,一样地思索;数学是创造性的艺术,因为数学家这样对待它."

20世纪最有影响的数学家之一冯·诺伊曼对数学美学有一段更详尽的论述,对我们会是有帮助的.他认为,在其他自然科学中,与数学相近的是理论物理学.他在将理论物理与数学作了一番比较之后说:

"理论物理学的问题是客观上提出来的;衡量研究工作是否成功的标准……主要是美学的."

"数学家无论是选择题材还是判断成功的标准主要都是美学的."

"理论物理学的课题,几乎任何时候都是很集中的,几乎任何时候理论物理学家的大部分努力,都集中在不超过一两个界限非常明确的领域内——1920年和1930年初的量子论,1930年以来的基本粒子和原子核结构……"数学的情况完全不同. 数学分成了在特点、风格、目的和影响等方面远为不同的大量的分支. ……数学家有广阔的领域可供选择, 他在这领域想做什么事也享有很大的自由."

冯·诺伊曼的下述忠告是十分重要的:

"数学思想来源于经验, 我想这一点是比较接近真理的, 真理实在太复杂了, 对之只能说接近, 别的都不能说, 虽则经验和数学思想之间的宗谱, 有时既长又不明显. 但是, 数学思想一旦这样被构思出来, 这门学科就开始经历它本身特有的生命, 把它比作创造性的、受几乎一切审美因素支配的学科, 就比把它比作别的事物特别是经验科学要更好一些. 当一门数学学科远离它的经验本源继续发展的时候, 或者更进一步, 如果它是第二代和第三代, 仅仅间接地受到来自'现实'的思想所启发, 它就会遭到严重危险的困扰. 它变得越来越纯粹地美学化, 越来越纯粹地'为艺术而艺术'. 如果在这个领域周围是互相联系并且仍然与实践经验有密切关系的学科, 或者这个学科处于具有非常卓越和发展健全的审美能力的人们的影响之下, 那这种美学需要不一定是坏事. 但是, 仍然存在一种严重的危险, 即这门学科将沿着阻力最小的途径发展, 使远离水源的小溪又分成许多无足轻重的支流, 使这个学科变成大量被搞混乱的琐碎枝节和错综复杂的末事. 换句话说, 在远离经验本源很远很远的地方, 或者在多次'抽象'的近亲繁殖之后, 一门数学学科就有退化的危险. "每当到了这种地步时, 在我看来, 唯一的药方就是为重获青春而返本求源: 重新注入多少直接来自经验的思想. 我相信, 这是使题材保持清新和活力的必要条件, 即使在将来, 这也是同样正确的."

冯·诺伊曼既重视数学创造中的美学动机, 同时认为数学创造中经验本源具有更重要的地位, 这种思想更真实地反映了数学的发展过程. 冯·诺伊曼本人既在纯粹数学领域(如逻辑、测度论、连续群、算子理论等)又在应用数学领域(如 Monte Carlo 理论、气象学、数值线性代数、数值气体动力学、计算机设计、程序设计理论等)有过卓越的贡献. 这位 20 世纪中叶的关键人物还在量子力学、自动机、大脑理论以及非线性编微分方程等众多方面做出了贡献. 他对数学创造动机的概括也是他本人经历的一个概括.

4.6　应用毕竟是数学创造的主要推动力

象棋也可以视为一种数学, 有数学家如哈尔莫斯以此为例, 说明数学即使是与应用无关的, 它也能引起人们(如象棋爱好者们)持久的兴趣, 而且象棋可以完全不依靠外部世界来进行更新, 例如近来提出了逆向象棋的问题(例如, 给定一个棋局, 要你确定这盘棋是如何开局的). 甚至有人认为, 20 世纪数学最伟大的一部分(例如, 康托尔的连续统问题, 黎曼猜想, 庞加莱猜测)未必是需要与应用(如物理学、生物学或经济学)有接触的.

然而, 数学的历史表明, 数学的核心是研究现实物质世界中产生出来的问题, 以及与数、基本的运算及解方程有关的由本身产生的问题. 这一直是数学的主题.

整数论起源于数(shǔ)数(shù), 几何起源于测量, 分析起源于研究运动与变化. 这是我们所熟知的. 有些似乎与现实物质的形和量没有什么直接联系的数学对象也只是远离其根部(物质世界). 数学最重要的部分来自物质世界, 而衡量新的数学理论(不管它离根部有多远)的重要性的主要标志是它对数学其他部分的影响. 由此我们当能更好地理解数学发展的根本动力在于它与外部世界的联系.

我们还应当看到一个事实, 即有一些数学理论因为人们弄不清其实际背景或应用的前途暗淡而发展缓慢, 甚至奄奄一息, 逐渐衰落. 后来又由于外部世界应用的刺激或由于数学其他部分的需要而重振旗鼓, 再度发展起来.

多元复变函数论被视为纯粹数学, Weierstrass、Poincaré 和 Hartogs 等数学家曾经得到一些早期成果, 然而随后由于上面提到的原因就失去了生气, 一直到二次世界大战后, 才又由于量子场论的需要而重新唤起人们的兴趣. 逐段解析的多复变函数成为描述基本粒子碰撞的概率分布的最佳工具, 残数理论被推广用于 n 维超曲面上的积分(即由一位物理学家发明的 Feynman 积分).

Hamilton 在 19 世纪中叶即发明了四元数(他起先曾花了十年工夫研究三元数,结果行不通),然而在世纪转折之际,亦因无用而被弃置,直到 20 世纪 20 年代,它才又以量子力学中自旋矩阵的形式恢复了青春,开创了矩阵量子力学,后又被应用于夸克场理论.

著名数学家外尔于 1918 年提出规范场理论,当时是为了解决将重力和电磁力统一起来的课题,提出之初是很时髦的.随后外尔本人和其他一些人发现,这种理论并未达到预期效果,用不上,因而很快就不时兴了,甚至几乎被人忘却.直到 1954 年才又由于规范场理论用于量子电动力学、1981 年用于量子色动力学而再度时兴起来.

图论,从数学的角度看,起源于 18 世纪上半叶(欧拉的七桥问题),但随后发展缓慢.直到 19 世纪中叶,才由于电路网络、有机化学等方面的实际需要的刺激而发展起来.从那以后,图论的发展又几经起伏.从 20 世纪 50 年代起,由于图论的广泛应用,人们对它的兴趣才稳步高涨起来.有了迅速的发展,图论在物理学、化学、发生学、心理学、经济学、工程学和运筹学中都用上了.

因为获得应用而获得新的生命力的数学理论的例子是很多的.然而,常有人注意到,19 世纪以来,确实产生了不少似乎与外部世界并无多少直接联系的数学理论,对此我们已提到过并作过一些分析.此外,我们还要指出,就在 19 世纪,纯粹数学和应用数学还是不分家的,两者分家是 20 世纪以来的事.对于高斯,黎曼,希尔伯特,庞加莱,哈密顿(Hamilton),麦克斯韦(Maxwell),斯托克斯(Stokes),布尔(Boole)等这些数学家来说还无所谓纯粹数学家或应用数学家之分.高斯既是数学之王,又是计算之王,他曾实际上使用过快速 Fourier 变换.

以数学相当发达的法国而论,19 世纪 80 年代、90 年代,巴黎处于一个数学发展的黄金时代,那时,几何、代数、分析之间没有根本性壁垒,法国数学大师们〔如达布(Darboux),古莎(Goursat),埃尔米特(Hermire),毕卡(Picard),庞加莱……〕在这些领域自由地到处漫游.同时,那时数学的中心问题,例如椭圆函数与自守函数理论,复变函数理论对微分方程的应用,非线性微分方程的几何理论等,都与物理学和工程技术有着深刻的联系,虽然他们之中一些人也穿插着做过一些现今被称为纯粹数学的工作(如达布的积分论,埃尔米特的超越数理论).

五 数学为其他学科领域的创造提供什么

自从公元前欧几里得向人类提供了演绎的几何学,又在近代由牛顿-莱布尼茨向人类提供了微积分之后,数学被推崇为科学的女王,物理学家、天文学家、工程师等无不崇尚数学. 数、理、化、天、地、生……数学居于排首,这是自然形成的. 现在,在全部科学的大的分类中,有社会科学、自然科学……数学被列入自然科学之中,这一观念已在发生变化,一种新的分类法认为,数学应作为独立的一大门类而与社会科学、自然科学等并列. 这是因为,数学曾经只是从自然科学中提出问题又反回去为自然科学所应用,而今,数学与社会科学之间也出现了类似的关系,与其他门类也发生了类似的联系,数学可以从各类科学提出问题又反回去得到应用,数学作为独立的门类的观念也就发生了.

数学为其他领域的科学家的创造究竟提供了什么呢? 在讨论了数学创造与现实应用的关联之后,我们当然已可零星地知道不少了,但我们还将具体一些集中分述几件具有重大意义的史实.

5.1 狄拉克在量子力学上的创造与数学

狄拉克(Dirac)是 20 世纪内著名的英国物理学家,他的创造无疑大大得益于数学.

狄拉克在中学时期就受过良好的数学训练,包括数学的技巧和优美的计算方法,他在学习期间既受过良好的、严格的逻辑训练,又形成了不拘泥于传统数学规范的意识. 在剑桥学习期间,浓厚的学术空气对他影响很大,星期六茶会上经常热烈讨论投影几何,在高维空间中构造出各种图形,把数学关系表达为优美的形式,他逐步形成了用明确的数学方程式表达物理学的基本问题的信念.

他借助于数学完成了重大的创造性工作.

狄拉克运用娴熟的数学技巧处理各种波函数:用对称波函数描述玻色子服从玻色(Bose)-爱因斯坦统计法则,用反对称波函数描述费米子服从费米(Fermi)-狄拉克(Dirac)统计法则,从而发现了微观粒子的统计类型与波函数对称性质之间的内在联系.矩阵力学与波动力学产生后,狄拉克终于在1926年引进著名的δ-函数后统一了这两种理论,这两种力学原来是等价的.量子力学作为一门学科而被创建起来.

1927年,狄拉克认为克莱因方程还很不完美,无论从逻辑上还是从数学上都有待完善.为了得到合乎逻辑的理论,狄拉克设法建立一种对时间和空间坐标来说都是线性的微分方程,正是这种电子的波动方程导出了自旋与磁矩的正确性.狄拉克的这一发现完全是基于对数学的探索,而丝毫也未想到要给出电子的这种物理性质,数学的能动作用在这里又一次得到充分体现.

1927年,狄拉克从光的波粒二象性应当完全协调的观点出发,把电磁场波函数看作q数,然后再引入正则量子化方案进行处理,这样他就把电磁场波函数量子化了.通过这种二次量子化方法,狄拉克建立了一种完整的辐射理论,并逻辑地导出了爱因斯坦辐射理论和克莱默森和海森泊色散公式.

几千年来,人们逐渐认识到每对磁体都有一对磁极.如果把磁体一分为二,那么得到的并非分离的南极和北极,而是两个新磁体,每个磁体又各自有它们的一对磁极.电磁现象的这种对称性已被揭示出来,麦克斯韦总结了四个在形式上很美的方程式,这四个方程式表明,电场和磁场的关系几乎完全可以互换.如果用表示电场的各个符号去取代表示磁场的各个符号,或者用表示磁场的符号去取代表示电场的符号,那么各方程式实际上维持原样不变.可是,麦克斯韦方程组虽然形式上很美,但它的对称性在带电荷的项上被破坏了.狄拉克仅仅出于对麦克斯韦方程组的这一不完美之处进行数学上的修正,果断地添加上了磁荷这一项,从而导致了磁单极子的概念.这一数学推导,使他得出一个结论:在宇宙的一个角落里,只要有一颗磁单极子,那么磁荷也将有量子化的必要.他预言,磁单极子所带磁荷的大小必定为电荷数的 69 倍.1974 年,荷兰物理学家霍夫特和苏联物理学家巴略可夫,各自证明了磁单极子是物理学大统一理论的必然产物.目前各国物理学家正在用各种实验方法设法俘获磁单极子.磁单极子的存在,是狄拉克通过数学方法做出的一个预言.

在狄拉克的一生中,数学不仅一直是他从事物理学创造的不可缺少的伙伴,而且是他创造的源泉之一,数学不仅作为工具帮助狄拉克进行创造,有时还引导他去创造.

谈到狄拉克,谈到量子力学,我们附带还要提到丹麦科学家玻尔(Bohr),他对量子力学也有过杰出的贡献(互补性原理是其发现之一),他认为数学美在量子力学的建立过程中起着重要的作用.这种特殊形式的数学美,是我们通向微观世界美的王国的必经之路.他曾说:

> "数学符号的广泛应用是量子力学方法的特点,这种应
> 用使我们很难撇开数学细节而对这些方法的优美性及逻辑
> 无矛盾性提供一个真实的印象."

玻尔认为,数学形式美的特点,恰恰补足了我们形象思维能力在微观世界中的局限.在洞悉微观世界美的王国的征途中,数学的美始终是照亮崎岖山路的明灯.

5.2　爱因斯坦在相对论上的创造与数学

爱因斯坦 12 岁时读一本欧几里得几何,这本几何使他兴奋不已,它从少数几条公理出发演绎出大套的几何定理;当他看到三角形的三个高交于一点并且能被令人信服地加以证明时,对数学产生了浓厚的兴趣.后来,他学懂了微积分,学懂了牛顿的经典力学.

爱因斯坦十分欣赏牛顿的力学和麦克斯韦的电磁学,它们分别对力学现象和电磁现象的统一性做出了美妙的说明.然而,作为爱因斯坦研究相对论的起点,又正是从对牛顿力学和麦克斯韦方程组的不尽完美、不够满意开始的,同时他对作为其数学启蒙的欧几里得几何也提出了疑问.

在欧氏几何和牛顿力学那里,空间和时间都是绝对的.爱因斯坦说:

"欧几里得几何的纯逻辑的(公理学的)表示,固然有较大的简单性和明确性这个优点,可是它为此而付出的代价是放弃概念构造同感觉经验之间的联系,而几何学对于物理学的意义仅仅是建立在这种联系之上的."

空间是绝对的,时间是绝对的,这些假设是"绝对"的吗?爱因斯坦又受到欧氏几何的启发,这个问题应当从最原始、最少的假设出发,那么,从逻辑上讲,能不能从更为原始的假设前提出发来演绎呢?这正是爱因斯坦狭义相对论所考虑的问题.后来,他发现,在速度接近光速时,时间、空间、质量等不再是绝对不变的了,成了具有相对性的东西了:质量可以随时间而变化,空间可以变短,时间可以变长.爱因斯坦可以说是仿效了欧氏几何的公理方法,他用最少的两条公理(相对性原理和光速不变原理)做出发点进行演绎.同时数学上的四维张量也为爱因斯坦提供了有力的工具.

狭义相对论是不是已经十全十美了呢?爱因斯坦仍不感到完全满意.因为狭义相对论在同其他运动状态相比较时,仍保留了惯性系运动状态的特殊地位.他认为,美妙的物理理论,不应当区分任何特别优越的运动状态.从自然规律表述的观点看,对于任何一个参照系,它同其他参照系都应是等效的.因此在有限的尺度内一般不存在物理学上需要特殊看待的运动状态.自然规律应当可以通过一组特殊的坐标选择,使这些规律不作实质性变化.

爱因斯坦为了解决上述问题,经过了多年的沉思,特别是经过了多年的数学准备,他用整整 7 年的时间(大大超出读完一届大学所需的时间)学习了非欧几何,终于找到了德国数学家黎曼的协变理论.这一数学理论为爱因斯坦广义相对论的建立帮了大忙.黎曼的协变理论讲的是一种非线性坐标变换.一个在惯性系里不受力作用的质点,在四维空间里如果要用直线表示,那么此直线是一测地线,其长度可用线元度量.在狭义相对论中,是准欧氏测度,即线元 ds 的平方是坐标微分的某种二次函数,此二次函数各项系数均为常数.在广义相对论中,则是黎曼测度,它的方程在坐标的非线性变换情况下,其形式保持不变,而此时 ds 的平方仍是坐标微分的齐次函数,但系数不再是常数,而与坐标相关了.

相对论是不是绝对完美的理论呢？相对论使引力理论建立在十分简单的基础上，使质量与能量统一起来（$E=mc^2$），使惯性系与非惯性系统一起来，使惯性质量与引力质量统一起来. 然而，它并没有使引力场与电磁场统一起来. 爱因斯坦怀疑存在着两种根本不同的空间结构，认为引力场与电磁场一定存在某种和谐的关系. 为解决这一问题，爱因斯坦立即转向寻求一种比黎曼几何更有效的手段，他又一次试图依靠数学去探索解决重大问题的方案.

爱因斯坦认为，理论物理学家在描述各种关系时，要求尽可能达到最高标准的严格精确性，而这样的标准只有数学语言才能达到.

5.3　麦克斯韦的电磁波与数学

法拉第（Faraday）是一位伟大的实验物理学家，他做出了许多贡献，他提出了磁力线、电力线的概念，又提出了电场、磁场的概念，他发现了电与磁的对称关系，探索了电磁与光之间的统一性问题，完成了著名的磁光效应实验，证实了光与磁之间存在着相互作用. 总之，他有一系列重大的发现和发明.

法拉第的工作是建立在高水平实验的基础上的，但他缺乏系统的数学训练，他不能用严谨精确的数学语言将实验结果上升为理论，不能用数学的完美形式使实验结果更加美丽动人. 然而，麦克斯韦补充了他的不足. 这一事例从另一个角度阐明了数学在其他领域创造中举足轻重的地位.

麦克斯韦受过良好的数学训练，他于 1855 年写了《论法拉第的力线》一文，把法拉第大量定性实验的记述上升到定量化的理论高度，并用数学语言精确地表述它们.

麦克斯韦借助于数学所实现的光辉创造主要是在 1862 年.

两千多年来，人类积累了大量关于电学、磁学、光学方面的知识，人们发现一些定律，从不同角度总结了光、电、磁的一些基本性质，也直觉地抓住了它们之间的一些联系，其中特别包含了法拉第的贡献. 然而，只有当麦克斯韦运用偏微分方程和矢量代数等数学方法于这块园地时，电磁学领域才出现了一幅崭新的图景.

1862 年，麦克斯韦发表了划时代的论文《论物理的力线》，他引进了位移电流概念.在此之前,包括法拉第在内,人们在提到电流产生磁场时,指的总是传导电流,亦即在导体中自由电子运动所产生的电流.麦克斯韦发觉这存在很大矛盾.例如在连接交变电源的电容器中,电介质内并不存在自由电荷,因而也不存在传导电流,但磁场却同样存在.经过反复思考和分析,麦克斯韦认为:这里的磁场是由另一种类型的电流形成的,这种电流存在于任何电场变化的电介质中,并和传导电流一起,形成闭合的总电流.并且,他通过严密的数学推导,求出了这种电流的表达式(这就是他的高明之处),此电流就称为位移电流.这种数学推导是经由现今称为麦克斯韦微分方程式进行的.他揭示出:不仅变化的磁场产生电场,而且变化的电场产生磁场;凡有磁场变化之处,其周围不管是导体还是电介质,都有感应电场存在.电磁现象的规律,终于被麦克斯韦以不可动摇的数学形式揭示出来,电磁学至此形成了完整的科学理论.

1865年,麦克斯韦又利用拉格朗日和哈密顿创立的数学方法导出了电场与磁场的波动方程,其波的传播速度正好等于光速.从此,麦克斯韦预见了电磁波的存在,且电磁波的传播速度与光速相等.

23年之后,德国物理学家赫兹(Hertz)用实验证实了电磁波的存在!麦克斯韦的理论得到了完全的证实.这一理论开辟了电子技术的新纪元,无线电报、无线电广播、导航、无线电话、短波通信、传真、电视、微波通信、雷达、遥控、遥测、射电天文等相继问世.麦克斯韦的理论显示出巨大的威力,同时也可说是数学显示了巨大的威力.

5.4 薛定谔的波动力学与数学

薛定谔(Schrödinger)是奥地利的杰出科学家.他是一位多才多艺、兴趣广泛的科学家,他既喜欢诗歌、戏剧、语言,更特别倾心于数学和物理.

1926年,薛定谔决定根据德布洛依(de Broglie)的物质波学说,用另一种方式更加美妙地描述电子的运动.他所依靠的便是强有力的数学工具.薛定谔对原子和电子运动的数学描述被称为波动力学,其理论与实验完美地吻合,故此,他于1933年获诺贝尔奖.

薛定谔从古代数学家毕达哥拉斯的科学美学思想中得到启发.毕

达哥拉斯发现音乐和数之间有一种奇特的关系. 一根振动着的弦, 实际上包含着薛定谔所寻求的那种正整数的序列. 德布洛依的思路是相对论式的, 而薛定谔的思路却是音乐式的. 人们早已知道, 琴弦、风琴管的振动符合类似形式的波动方程. 而一个波动方程, 只要附加一定的数学条件, 便会产生一些数列. 薛定谔决心根据这种见解, 创立一种原子理论, 而他终于得到了电子的波动方程:

$$\frac{\partial^2 \Psi}{\partial x^2} + \frac{\partial^2 \Psi}{\partial y^2} + \frac{\partial^2 \Psi}{\partial z^2} + \frac{8\pi^2 m}{\bar{h}^2}(E - V)\Psi = 0$$

这是一个相当美妙的方程, 是关于自变量 x、y、z 的偏微分方程, 其解即 x、y、z 的函数 Ψ, 叫作波函数. 式中, m 表示电子的质量, E 是总能量, V 是势能, $\bar{h}$ 是普朗克(Planck)常数. 式中, m, E, V 体现着电子的微粒性, 而 Ψ 则体现着电子的波动性, 可见此式是把电子的波粒二象性完美地统一起来的数学方程式.

这个方程有着巨大的威力, 她完满地解释了微观粒子的运动, 就像牛顿方程解释宏观物体的运动一样.

波动方程简单明了, 反映了量子力学的巨大进步, 而所使用的数学工具是偏微分方程. 在薛定谔方程建立的过程中, 数学及其美感所起的作用是不容忽视的. 从数学上说, 薛定谔提出了力学量算符化的问题. 算符并不直接代表数值, 而是代表某种运算, 代表不同集合的量之间的一种对应关系. 例如能量用算符 $\bar{i}h \frac{\partial}{\partial t}$ 表示, 动量用算符 $-\bar{i}h \frac{\partial}{\partial x}$ 表示, 它们都是一些微分运算. 从美学上说, 有了力学量的算符化, 就可以充分运用数学形式美的特点, 求出数学上的本征值. 这样, 物理学中的量子化问题, 就转变为数学中早已解决过的求解本征值的问题了. 出现在理论中的物理量并不是直接的微观客体, 而是算符, 描述微观客体的运动方程实际上是算符方程. 我们只有通过解本征方程得到算符的本征值, 才能与实验的测量值进行比较. 量子力学的这个特点, 既表现了在微观世界中实验与理论之间相互关系的曲折性或非直接性, 也表现了量子力学理论高度抽象的美.

由于薛定谔娴熟地使用数学工具, 后来他还论证了几种量子力学的统一性问题.

薛定谔在 20 世纪 40 年代, 还首次在分子层次上对生命体和无机物质进行类比,把有机界和无机界进行类比,探索生命体的结构和遗传变异特性,发表了一系列利用热力学和量子力量理论来解释生命现象本质的演说,对生物化学、分子生物学的发展,起了积极的推动作用.

5.5 牛顿的伟大成就与数学

牛顿的伟大科学成就涉及数学、力学、天文学、光学、热学,当今所称的经典力学就是牛顿力学.他在力学、天文学、光学等方面的巨大成就都得益于他在数学上的造诣,他是在数学自身有着划时代创造而同时利用数学在其他科学领域进行了同样具有划时代意义创造的杰出代表.

数学伴随牛顿的创造,使他像毕达哥拉斯、笛卡儿等人一样感到天体运动和地面上的运动同处于一个巨大的数学和谐体之内.

牛顿以他杰出的数学才能,找到了物体之间相互作用力的数学公式,证明了引力的普遍性$\left(\text{即万有引力 } F = k\dfrac{mM}{r^2}\right)$.

牛顿是使数学完美而有力地进入力学的第一位卓越科学家.力学从数学形式的完美中吸取丰富的营养,使力学理论走上了严格的逻辑演绎体系.数学中的公理方法在数学以外首次显示出强大的威力,牛顿仅用四个法则、八个原始定义和三大定律,可以演绎出全部的经典力学,它包罗了大至天体、小至砂粒的运动规律.

由于牛顿运用欧几里得的思想取得巨大成功,自牛顿之后,自然科学家开始注意在经验科学中运用严格的逻辑推理,尽量体现出理论体系的内在逻辑美,从而大大推动了整个自然科学的发展.

牛顿自己创立的流数法,帮助他建立起物质世界的微分方程式,这使大多数科学家坚信:物质世界的统一性,就表现在微分方程式惊人的一致性上(即许许多多不同的自然现象却服从于同一个微分方程式).

彗星曾被认为是一种神秘的天体,是不吉祥的征兆.然而牛顿根据他的引力理论和数学方法预言:彗星不过是太阳系普通的一员,它的运动轨道也是椭圆形的,只是其轨道特别扁平.牛顿的好友哈雷(Halley)经过计算后指出:1682 年出现的彗星将于 1758 年底或 1759

年初再度出现.果然,1759 年 3 月 13 日,这颗明亮的彗星拖着长长的尾巴,出现在夜空之中.两个世纪之后,亚当斯(Adams)和勒维烈(Leverrier)这两个年轻人利用牛顿的力学及数学方程式推算出了海王星的存在.随后便实际观测到这颗行星.根据牛顿的理论,依靠数学做工具,在牛顿时代就能预言:当物体以 8 千米/秒的速度运行时就能抗衡地球的引力,再大一点就能飞出地球.当今满天飞行的卫星早已在牛顿的预言之中.

　　数学给人以创造的本领,数学给人以科学的预见,数学引导人们去幻想.数学已经远不只是计算的工具,它是创造(不只是数学本身的)新理论的概念和原理的重要源泉之一,数学想象力对于科学理论研究是绝对必要的.

5.6　DNA 与数学

　　1969 年怀特(J. H. White)在波尔(F. Pohl)指导下得到一个公式:$L_K = T_w + W_r$,称为怀特公式.设 C 为通常空间中一条封闭的嵌入光滑曲线,公式中的 W_r 表示 C 的扭曲数,T_w 表示 V 的全盘绕,V 是 C 上垂直于 C 的单位长向量场,L_K 则表示 C 与 C_V 的环绕数(C_V 为向量场 V 的终点所成的曲线).

　　很快,一些生物学家,如鲍尔(W. Bauer)、维诺格拉德(J. Vinograd),认识到这个公式可以描述某些 DNA(脱氧核糖核酸)的现象.维诺格拉德要求拓扑学家富勒(Brock Fuller)从数学上研究他们的公式.在此过程中,富勒 1971 年重新发现怀特公式,并得出这个公式的一系列简单推论,这些推论看来对于生物学家很有用处.1976 年,克利克(F. H. C. Crick)著文解释这个公式并研究出特殊的生物学应用[克利克和华特松(J. Watson)因阐明 DNA 的结构而获诺贝尔奖].1980 年,克利克和鲍尔、怀特一起在《科学美国人》杂志上发表文章阐述这个公式及其在生物学上的应用.

　　各式各样的自然过程伴随超螺旋,它的最重要作用之一似乎是使 DNA 分子紧缩,例如,大肠杆菌本身的直径只有千分之一毫米,而大肠杆菌的染色体却是长度为一毫米的环形 DNA,这在很大程度上要靠螺旋,从而 DNA 高度紧缩.又如,当细胞的生命处于 DNA 的遗传信息正在读取的时期,DNA 或者至少被读取的那一部分 DNA 就相当的扩展,超螺旋的绝对值大小很低;但当细胞进行分化时,超螺旋的绝对值增高,分子紧缩.而这种超螺旋变化被认为是特定的酶,人们就去提纯一些能改变超螺旋的酶,如盘旋酶,转环酶(依形象命名),它们都是拓扑异构酶.这些酶能改变环绕数 L_K,而不改变全盘绕 T_w,因此它们能引起扭曲数 W_r 的变化以保持怀特公式 $L_K = T_w + W_r$ 成立.

拓扑学还以其他方式进入生物学领域.值得注意的是:不仅微分几何学在分子生物学中起作用,而且分子生物学已成了有趣的几何问题的源泉之一.

数学为社会科学领域的创造提供了些什么.在第 1.5 节中有概略的叙述,本章不再赘言.

六　数学创造与直觉

6.1　科学直觉指的是什么

我们所说的直觉,简言之,是指直接的觉察(周义澄对直觉之定义).直觉是包括直接的认知、情感和意志活动在内的一种心理现象.它是非逻辑的、借助于模式化"智力图像"的思维,是感性和理性、具体和抽象的辩证统一,是认识过程的飞跃和渐进性的中断.作为一种心理现象,它不仅是一个认知过程、认知方式,还是一种情感和意志的活动,甚至包括直觉信念;作为一种认知过程和思维方式,它包括感性直观、理性直观等不同层次,这种能力为通常所说的洞察力或直觉力;作为一种认识结果,称之为直觉知识,"直觉知识"主要指的不是知识内容本身,而是指创造者获得这种知识的途径,当这种"直觉知识"被逻辑地证明之后又变为"证明的知识"而与"直觉知识"相区别.

直觉的主要特征是,直觉的非逻辑性或非理性,有时表现为逻辑的"凝聚",凝聚在直觉的短暂瞬时间,直觉与逻辑相对立而被视为科学创造的两翼(因之,直觉与逻辑并非毫无联系);直觉知识是综合性的,直觉能力是综合能力,直觉过程是综合判断过程,它是从总体上把握事物,并非建立在细部的分析上,由直觉得到的知识具有自明性(这并不表明它是可靠的,也不表明它为每个人所易知);直觉的出现常常是突如其来的(表现为灵感、顿悟),并非一步一步推理的渐缓进程.

从词义上讲,直觉有两种意思,一是指人的感官对外界事物的直接感知,即感性直观;一是指人的思维直接把握事物本质的过程,即理性直观.一般所说的直观是指感性直观或直感,依靠的只是通常意义上的具体形象.具体形象(由人的感觉器官所能直接感知者),这固然也是直觉的一部分,但一般意义上的直觉并非如此,理性直觉也可能不脱离形象,然而却是一种具有某种程度抽象的、模式化的"形象",称之为"智力图像"(周义澄,《科学创造与直觉》,人民出版社,1986 年),它所企及的是抽象化的形象和形象化的抽象.

数学家常常依靠直觉来发现数学定理,这种直觉自然也不是指通常所说的感官上的直觉,数学家更多地依靠理性直觉,或在所研究的现象中突然发现数学的某种结构,或其思路突然调整到某个没有料到的方向,就像在摸索前进的道路上突然出现一束光线照亮了前方.

在创造心理学中将直觉分为三种基本形式.

1. 直觉判断

科技工作者在其活动中积累了丰富的知识和经验,并非经过严格的逻辑程序而形成某些观念、概念,形成某种判断.爱因斯坦在谈及得到普遍的基本定律时说:

> "要通向这些定律,并没有逻辑的道路,只有通过那种以对经验的共鸣的理解为依据的直觉,才能得到这些定律."

这些定律首先是通过直觉判断得到的.

2. 猜测

猜测或预感是直觉的形式之一.科技工作者根据部分信息去推测研究对象所具有的全部信息或由这一方面的信息去推测另一方面的信息.这种形式的直觉也具有重要的意义,杨振宁曾说:

> "在所有物理与数学的最前沿的研究工作,很大一部分力量要花在猜想上."

3. 洞察力

科技工作者在错综复杂的情况下,迅速排除非本质因素和假象,抓住问题的本质,即为洞察力,这乃是直觉的一种高级形式.

6.2 数学直觉数例

我们先看看数学直觉的一些著名例子.

笛卡儿,1617 年,他在奥拉日的毛里斯王子的军队里服役.一天,他在荷兰的布莱达看到一张广告,那上面实际上是一个挑战性的数学问题,他在数小时内便给解决了.他虽在军营里,但对数学问题做了许多思索,他认为当时的代数"充满乱杂与晦暗,故意用来阻碍思想的艺术,而不像一门改进思想的科学",他也明白地批评希腊人的几何过于抽象,同时又过多地依赖图形,以至"它只能使人在想象力大大疲乏的情况下,去练习理解力."他终日沉迷在深思之中,试图解决代数与几何的这些弊端.1619 年 11 月 10 日,他带着一系列思索入睡了,一连作了几个梦,次日他欣然有所发现,这天晚上他极兴奋,发现了一种不可思议的科学的基础,第二天开始懂得这惊人发现的基本原理.这就是当时解析几何的发现,数学史上代数与几何两大分支的一次有效的汇合.其实,从 1619 年的直觉发现之后,解析几何的完善要见诸笛卡儿 1637 年出版的《更好地指导推理和寻求科学真理的方法论》一书中的《几何》部分(应当说,具有这种将几何与代数结合起来的思想的人,笛卡儿并非第一个).

哈密顿,1843 年 10 月 16 日黄昏,他和妻子沿着都柏林皇家运河散步,清凉的晚风驱散了一天的疲劳,思维的海洋十分平静,没有一丝波澜.然而谁知在大脑皮层深处的脑细胞仍在默默地活动着,突然哈密顿的脑海里激起了波涛,领悟到"三度空间内的几何运算,所要叙述的不是三元,而是四元."后来他追述道,当时"我感到思想的电路接通了,而从中落下的火花就是 i、j、k 之间的基本方程.恰恰就是我以后使用它们的那个样子.我当场抽出笔记本,就将这些做了记录."这个突然的直觉发现发生在都柏林的布洛翰桥上,这带有明显的偶然性,然而,哈密顿是在思索了 15 个春秋之后发生的,千虑一得,这又是以偶然形式出现的直觉所包含的必然性因素.哈密顿当即将这一直觉记录下来是必要的,因为这类灵感是稍纵即逝的.

庞加莱,1880 年,他在寻求富克斯(Fuchs)函数(单复变自守函数)的变换方法时,进行了长时间的工作,但毫无所获.有一天,他决定暂时把工作搁下来,去乡下旅行.然而当他刚登上车时,一个新颖的思想突然闪现,问题的答案可能就是那个非欧几何变换,他回忆说:"我的脚刚踏上车板,突然想到一种设想……我用来定义富克斯函数的变换方法同非欧几何的变换方法是完全一样的."庞加莱还谈道,在他考虑三元二次型的算术变换时,思想受到堵塞,而正当他极力避开有关这个问题的思考时,一个明确的答案突现在脑中,他说:"在山岩上散步的时候,我突然想到,而且想得又是那样简洁、突然和直截了当:不定三元二次型的算术变换和非欧几何的变换方法完全一样."数学直觉的到来确有一种"有心栽花花不发,无心插柳柳成荫"的传奇色彩.

我们还要提到当代的几个例子.

伯克利数学研究所现任所长开普兰斯基(Kaplansky)(此人乃原芝加哥大学教授)在谈到自己的体验时说:"当一个难题纠缠你时,你会在长时间内一无进展.有时某些东西数月甚至数年被你忽视,而后你突然间有了意想不到的发现,可你却不知道它是从什么地方冒出来的.""我印象最深的一次,是有关 CCR 代数的某些关键定理的想法是在芝加哥的密西根(Michigan)湖畔的岩石上产生的.那是夏日的一天,天色极好,人们在湖里嬉游,我带着一些铅笔和纸坐在那块石头上.就在我准备下湖去的时候,那个我期待已久的想法突然冒了出来.我的学生把那块石头叫作 CCR 石头."

当代著名的法国数学家塞尔(Serre)认为真正的偶然事件是绝少的,有时一个人为某种目的进行的论证却解决了另一种问题,并使人感到惊讶,但他认为这也称不上偶然事件.他谈到自己经历的事:"在我做同伦群方面的工作时,我自信:给定空间 X 必存在一个以 X 为基底的纤维空间 E,它是可缩的.这样一个空间的确可以使我(用 Leray 的方法)做许多同伦群和 Eilenberg-MacLane 上同调的计算.但怎么找到它呢?我花了好几个星期(在我那个年纪,这是很长一段时间了),才意识到 X 上的'路径'空间就具有所有必需的性质——只要我敢称它为'纤维空间'.我这样做了,这就是代数拓扑中环路空间(Loop Space)方法的出发点;许多结果很快就跟着出现了."塞尔并未过分强调此事的偶然性.他说他"经常在夜间(似睡非睡到一半状态)工作,那个时候你不需写任何东西,这使你的脑子更集中,并易于转换课题."恰恰是这位不太强调偶然性的数学家塞尔在谈到他的工作方式时指出他并没有清楚的、目标远大的"纲领",小范围的纲领也没有,他只是做他立时感兴趣的事情.不过,我们应当指出,数学家提出一些带纲领性的思想对推动数学的发展是重要的,在19世纪有关于几何的 Erlangen 纲领,在当今有关于代数几何的 Grothendieck 纲领,有关于与模形式和数论有关的表示论的 Lang-Lands 纲领.

当代著名的英国数学家阿蒂亚做代数几何方面的工作,有一次沃德(R. Ward)作有关物理的几何问题报告,他在犹豫是否去听,最后还是去了,并且听懂了 Ward 做的东西.回去后他苦苦思索三整天,突然发现了它是怎么回事,它怎样与代数几何挂上钩,从此问题开始了突飞猛进的发展.这是阿蒂亚关于瞬时子(instanton)的工作.事后他回想起来,如果不去听那个报告,可能那个问题至今仍是老样子.

辛蒙斯(G. simmons)事后回想起来也可能会想到,如果不是那次会议,不是和工程师瓦洛克(T. Warnock)一起喝啤酒,默森所列出的那个 69 位数的数的因子分解至今仍会是老样子.事情是,1982 年秋天的一次偶然相遇,在加拿大召开的一个科学会议期间,桑迪亚实验室的应用数学部主任辛蒙斯与另一位数学家及工程师瓦洛克在一起喝啤酒,谈起因子分解.来自克雷计算机公司的瓦洛克指出克雷计算机与普通计算机不同,其内部运行特别适于做因子分解.回去后,辛蒙斯和同事们经过一系列工作后终于获得 58 位、60 位、63 位、67 位数的因子分解,并通过进一步努力分解了那个 300 多年来未分解成功的 69 位数.

侯振挺是我国当代优秀数学家之一,他有过这样一段叙述:"我一头扎进了'巴尔姆断言'的证明,一次又一次似乎到了解决的边缘,但是一次又一次都没有达到最终的目的.我早起晚睡,夜以继日,利用了全部可以利用的时间,吃饭、睡觉、走路,头脑中也总是萦绕着'巴尔姆断言'.难啊,确实是真难!……时间一天天地过去,一个证明的轮廓逐渐在头脑中形成了,但有一些问题还证明不了,又像一座大山挡住了去路.我把已经得到的进展整理成一篇文章.当时我正在外地实习,就让一位同学带回学校去请教老师.我送那位同学上火车站,就在火车将要开动之前,在我那始终考虑着这个证明的头脑里闪过了一星火花,似乎在那挡路的大山里发现了一条幽径.于是,我把那文件留下,立刻在车站旁的石条上坐下来,拿出笔推导起来.果然一星火花照亮了前进的道路,曲折的幽径越来越宽.十几分钟以后,这最后一座大山终于抛到我的后面去了,'巴尔姆断言'完全得到了证明."

以上各例说明,数学家往往经过长时间的紧张思索之后,当思想放松开来的时候,反而容易产生直觉或顿悟.侯振挺在送同学上火车的那一段时间内,思想也是比较放松一些的.

许多数学家谈到自己有过的这种突如其来的直觉.高斯在一次谈话中指出,他求证数年不得其解的一个问题,"终于在两天以前我成功了……像闪电一样,谜一下解开了.我自己也说不清楚是什么导线把我原先的知识和使我成功的东西连接了起来."著名数学家哈达玛曾回忆道:"有一次,在一阵突发的喧哗声中,我自己立即毫不费力地发现了问题的解答……根本不在我原先寻找这个解答的地方."他说大多数老一辈的数学家是借助于不明显的图像进行思考的.但这种直觉突然出现的原因是当事人自己也很难说清楚的,这正是非逻辑性所决定的.

6.3　数学家论直觉

大多数数学家对直觉作用给以明确的肯定.

爱因斯坦直截了当地说:"我信任直觉.""我相信直觉与灵感."他甚至说:"真正可贵的因素是直觉.""一般的可以这样说:从特殊到一般的道路是直觉性的,而从一般到特殊的道路则是逻辑性的."与此同时,他认为归纳较之演绎更艰难、更可贵,这与他对直觉的重视是分不开的.然而这丝毫不意味着他对演绎作用的轻视.爱因斯坦毕竟主要是一位物理学家,但他与数学息息相通,我们引用他的话对数学直觉同样是有意义的.

作为主要是数学家的笛卡儿(诚然他同时又是著名的哲学家)与爱因斯坦持有相同的观点,笛卡儿认为,通过直觉,能发现作为推理起点的、无可怀疑而清晰明白的概念,亦即,直觉是发现公理的过程.然而大家知道发现公理主要是归纳过程,所以笛卡儿主要看重直觉在归纳中的作用.笛卡儿哲学的第一信条"我思,故我在"就是极具自明性的直觉.他说:"我所理解的直觉的意思,不是对不可靠的感性证据的信念,不是对混乱的想象之靠不住的判断,而是智慧之明确和细致的概念.它是如此简单和明确,以至于它对我们所思维的,或者智慧的同样明确和细致的可靠概念不存在任何怀疑.这种概念只是从理智的本性中产生的.而且由于自身的简单,比演绎法更可靠."靠直觉发现公理,靠自觉理解公理,这是笛卡儿的主要观点.

莱布尼茨对直觉及其作用的论述,又有利于我们理解笛卡儿、爱因斯坦的观点,他们都有相通之处.莱布尼茨把知识分为直觉的知识和推证的知识.他指出,某些观念是"直觉地被认识的",在这种认识中,当定义的可能性立即显示出来时,其中就包含着一种直觉的认识.这种定义包含的就是"原始的理性真理",因为"一切原始的理性真理都是直接的"，是"观念的直接性"．相对于"原始的理性真理"，莱布尼茨认为还有一种"原始的事实真理"，相对于"观念的直接性"，后者则是"感受的直接性"．这样，莱布尼茨既承认原始的理性真理，又承认原始的事实真理，它们都具有"不能有某种更确实可靠的东西来证明"的直觉性．这里他实际上区分了两种直觉性．而在直觉知识与推证知识之间，莱布尼茨一方面认为靠直觉知识"往往一眼看出我们靠推论的力量在花了许多时间精力以后才能找出的东西"，另一方面他又认为需要靠推证、推论和猜测的力量找到被掩盖着的真理．同时他也强调"发现重要的真理，是比发现别人已发现的真理的推证困难得多的"事情．

虽然同时谈到的都是直觉，但对直觉的认识和理解是有区别的．实际上，我们认为，在猜测乃至演绎过程中也可能出现直觉．

荷兰数学家布劳威尔（Brouwer）把直觉能力看作是一种构造，法国数学家庞加莱把直觉能力看作是一种选择，德国数学家希尔伯特把直觉能力看作是一种组合……

布劳威尔是构造性直觉的代表，他认为，基本的直观是按时间顺序出现的感觉，"当时间进程所造成的贰性的本体，从所有的特殊事件中抽象出来的时候，就产生了数学．所有这些贰性的共同内容所留下来的空洞形式[n 到 $n+1$ 的关系]就变成原始直观，并且由无限反复而造成新的数学对象．"例如，由 1 经过无限反复，头脑就形成了一个接一个的自然数概念．布劳威尔把整个数学思维理解为一种构造性程序，它建造自己的世界，与我们的经验无关，只受到作为基础的数学直观的限制．这种基本直观的概念，不能设想为像公理理论中那种不定义的概念，而应设想为某种东西，用它就可以对于出现在各种数学系统中的不定义的概念作直观的理解，只要它们在数学思维中是确实有用的．他坚持认为，"数学的基础只可能建立在这个构造性程序上，它必须细心地注意有哪些论点是直观所容许的，哪些不是．"数学概念嵌进人们的头脑是先于语言、逻辑和经验的．决定概念的正确性和可接受性的是直观，而不是经验和逻辑．总之，布劳威尔认为数学就是从原始直观开始，然后去构造．由于布劳威尔将直觉提到一种特别的地位，及至他成为近代数学史上直觉主义学派的代表人物．

庞加莱对数学直觉作过大量的论述．他认为，面对大千世界的复杂的事实,研究者要做的事情首先就是从所要研究的事实中作一选择.这种选择就是一种发现或发明.这种方法都是"由各个事实以进于定律,且选择可发现定律之事实."他认为数学的发明就是在数学事实的无穷无尽的组合之中找出有用的组合,抛弃无用的组合.因此,"所谓发明者,实甄别而已,简言之,选择而已."这种选择的能力,庞加莱认为是由直觉决定的,由数学直觉力决定的.他认为,在数学创造中的直觉乃是对"数学的秩序之感觉",能使我们"发见隐微之关系及和谐".有些人具有极强的记忆力,但这种数学直觉力并不强.所以他能够学习和掌握数学,却无力创造.另一些人有很强的数学直觉能力,尽管其记忆力并非极佳,也能有所发现.因而,"直觉力的多寡"可以决定创造力之大小.庞加莱不仅认为直觉是数学发明的工具(逻辑是证明的工具),而且他还认为,即使在数学证明中也离不开直觉(这比爱因斯坦和笛卡儿进了一步).他把直觉作为数学证明中的非逻辑因素,他认为不能把数学归之为证明而与直觉无关,因为即使在推理方面,也不能不需要直觉的帮助,在证明中所用的逻辑材料很多,要运用这些逻辑材料构成一种新的数学建筑,也有一个选择问题,这就离不开直觉.庞加莱作为直觉主义的代表之一在与逻辑主义论战时指出,逻辑主义的主要代表人物罗素的逻辑中就采用了许多新概念,这些新东西是罗素本人也不能说明的公理,而"对于每一项新公理,都要承认其为直觉之一新行为."直觉的命题是从多少经过提炼的经验的概念中引出来的",因此他指出罗素的逻辑的那些基础概念和基本判断并非与直觉无关.庞加莱还将直觉区分为三个不同的层次,首先是感觉和想象的直觉;其次是借助于归纳而概括的、用科学实验对象描述的直觉;最后是纯粹数学的直觉,它把我们引向公理,并且给真正的数学推理提供原则.他也把直觉分为感性的和理性的,他说"纯粹的数的直觉——从中可以获得严格的数学归纳法——是与感性直觉相区别的."他认为理性直觉是人的认识工具和科学创造的必要条件,这种直觉是罕见的才能.

庞加莱、布劳威尔都是现代直觉主义学派的主要代表人物,罗素是现代逻辑主义学派的主要代表人物,希尔伯特既非逻辑主义又非直觉主义,他也十分重视直觉和想象在数学创造中的作用.他说:"在算术中,也像在几何学中一样,我们通常都不会循着推理的链条去追溯最初的公理.相反的,特别是在开始解决一个问题时,我们往往凭借对算术符号的性质的某种算术直觉,迅速地、不自觉地去应用并不绝对可靠的公理组合,这种算术直觉在算术中是不可缺少的,就像在几何学中不能没有几何想象一样."他还说:"为了要进行理论工作,某种先验的判断力乃是不可缺少的,并且永远是构成我们认识的基础.我相信,即使是数学知识,归根到底也是以这种直观的判断力为基础的.甚至在建立数论的时候,我们也需要某种先验的直观思维方式."希尔伯特肯定了直觉的作用及直观思维方式的存在,同时他也接受康德哲学思想(这一哲学思想对高斯、希尔伯特等这一大批最著名的数学家都有重大影响),他说,"康德认识论最普遍的基本思想的意义在于:所谓哲学问题,就是确认有先验的直观思维方式的存在,从而再去研究每一个概念知识的可能条件和每一个经验知识的可能条件.我以为,在本质上,康德认识论的基本思想,也体现在我对数学原理的研究之中".

　　布劳威尔把基本的直觉理解为按时间顺序出现的感觉;庞加莱把直觉理解为对若干可能的理论或公式的选择;希尔伯特把直觉理解为对数学事实的有益的组合,是思维和经验不可缺少的准备条件;还有人把直觉理解为对数学世界的真理的洞察;也有人把直觉理解为对数学美(对称、统一、简单、奇异)追求的体现,认为直觉能力即一种数学审美能力.尽管在理解上存在着差异,但其共同之处在于:都认为直觉是非逻辑的,是人的直接觉察;都肯定直觉在数学创造中的作用.

6.4　直觉的产生

　　直觉还可大体分为综合型的、类推型的和选择型的.笛卡儿的解析几何发现中的直觉是代数与几何的综合型直觉;庞加莱寻求三元二次型的变换而借助了非欧几何变换属于类推型直觉;狄拉克在对电子和电磁场作相对论和量子论处理时寻求适当的数学工具的成功属于选择型直觉.起初狄拉克只注意描述电子自旋的三个 σ 量,但电子的相对论理论却需要四个平方项之和的方根,那么什么样的数学形式能满足这种要求呢? 他说:"仔细考虑这个困境,花了我相当多的时间,后来,我忽然意识到没有必要死守着这些 σ 量不放,它们可以用两行两列的矩阵来表示,为什么我不来个四行四列呢? 数学上那是毫无异议的.用四行四列矩阵代替 σ 矩阵就能很容易地得到四个平方项之和的方根".狄拉克的四行四列矩阵给出了电子的四个态,而实际观察到的电子只有两个自旋态,多余的是两个负能态.狄拉克据此预言了正电子的存在,后来果然为实验所证实.此乃狄拉克选择型直觉的成功范例.这三种类型的直觉并非孤立的,它们往往相互联系着.

由此可见,直觉能力与类推、联想、综合、选择等能力是分不开的.由此亦可见,直觉的产生不是纯粹偶然的.直觉的产生常常使人感到不可捉摸,灵感和顿悟作为突发性更为显著的直觉尤其给人以一种神秘感.

其实,直觉与灵感是创造性劳动的产物,他常常发生在持久的实践和思索之后.实践是直觉与灵感产生的必要基础.一个刚出生的婴儿绝无灵感可言,少年儿童的直觉必然处于相对的低水平上.高度的科学直觉能力必定是建立在丰富的科学实践经验基础上的.这里指的实践经验包括感性的和理性的,书本上来的和直接经历的.这些经验在大脑中不断储存,留下各种痕迹,形成潜在的知识(简称"潜知").由于实践活动的多样性和复杂性,所形成的各"潜知"潜于大脑的不同层次之中.由于实践活动日益丰富、充实,"潜知"的储存量日益增大.有一部分内容日后被"激活"了,成为一种思想元素参与到新的思维过程中;有的"潜知"可能永远潜伏于记忆的深处而未被"唤醒".

很难说哪一种"潜知"将在哪一个时刻被"激活"而发挥作用,但一般来说,"潜知"越丰富,直觉产生的可能性越大.因此要勤于积累.直觉是"一个不喜欢懒汉的客人",只有勤奋的人才能指望它的光顾.

"潜知"如何被"激活"? 赫姆霍兹说:"就我经验的范围内说……首先,始终必须把问题在一切方面翻来覆去的考虑过,弄到我在头脑里掌握了这个问题的一切角度和复杂方面,能够不用写出来而自如地从头到尾.通常,没有长久的预备劳动而要达到这一地步是不可能的.""潜知"欲要被"激活",必须充分地激化它.潜意识与有意识结合便会敲响发明之钟.

丰富的"潜知"并非产生直觉的充分条件,还应当训练自己的直觉能力.我们不赞成直觉能力是先验的观点,事实上,影响直觉能力的类比、联想、综合等能力是可以培养和训练的.

直觉,灵感,"潜知"的突然出现,确实有明显的偶然性.然而,仔细分析,它们的产生仍是偶然性与必然性的某种统一. 当代杰出的数学大师陈省身表现出一种特有的奋发精神,他的话是这种精神的一个体现:"你可能做许多艰苦的无用功,重要的是千万别泄气. 当你被某个问题缠住时,你会有许多不眠之夜. 即使这样也还可能毫无成果. 你只是失败,而你要的想法就是不出来. 然而这些曲折却是重要的,没有它们,你就不会有真正的突破.""你必须花大量的时间思考你的问题,而不受外界诱惑."这是讲的必然性的一方面,最精彩的思想是不会轻易出现的,这是指必须有长时间的艰苦努力. 然而它出现的形式或方式很可能是突然的、偶然的,有时一个想法出现了而自己当时并不一定了解它真正是个好想法,以后才逐渐弄清楚;有时你所寻求的想法正在你忙于做别的事情的时候出现了,不抓住它也许以后就不再出现了.

Atiyah 实际上也确认这种偶然性与必然性的关系. 他认为与不同类型的人谈得愈多,对于各种不同的数学问题想得愈多,那么从别人那里得到新鲜的想法并进而与自己已知的某个东西联系起来的机会就愈大. 这显然包含了一些必然性因素. 而且他确信,只要你在积极进行数学研究工作,数学就总同你在一起. 然而,真正有趣的思想是当你灵感的火花迸发时产生的,思想在你脑海中飞舞,而有成果的相互作用产生于随机的、幸运的突变.

总之,你要获得以偶然方式出现的直觉、灵感,你就必然要经历不同程度的艰辛和这样那样的反复与曲折,偶然与必然就这样统一着.

作为思维科学中的直觉思维是被研究得较少的,对于它,我们当然知道得也就最少. 尽管如此,由于它在创造科学中的地位,我们不得不高度重视它,力求去认识它. 除了我们刚刚讲过的关于直觉的某些观点外,直觉与灵感到来的跳跃性也是值得注意的. 一个问题百思不得其解,往往要迂回前进,甚至暂时的停顿. 法国著名数学家拉普拉斯曾说,他把非常复杂的问题搁置几天不去想它,当再捡起来重新研究时,竟很容易获得解决. 在全神贯注地持久地集中思考时,被"激化"的"潜知"储存区也可能比较集中而不易发散出去,不易与其他的"潜知"部分连接或组合,而暂时的停顿之后,这种产生新的连接与组合的可能性增加了. 所以紧张劳动之后的松弛可能给你带来契机. 我们看到,一位当代优秀的苏联数学家阿尔洛里德(Влади мир Игоревич

Арнолъд），他在不到 20 岁的时候，对于连续函数的情形，从否定的意义上解决了希尔伯特的第 13 个问题（于 1957 年），他由此而获得莫斯科数学会的青年数学家奖，1965 年又由于扰动理论方面的工作而与柯尔莫果洛夫（Колмогоров，阿尔洛里德的导师）一起获苏联的最高荣誉奖——列宁奖，他就是确信这一点的："当我不能证出什么东西来的时候，我就穿上滑雪板，滑上 40 至 60 千米（通常是穿游泳裤）.在这段时间内，困难常常自行消解了，回来时我就有了一个现成的答案，或者不管怎样我知道下一步该怎么做了."我们只能这样理解，并非滑雪与答案之间存在必然联系，阿尔洛里德还喜欢莫扎特（Mozart）、巴赫（Bach）的交响乐，一张一弛，文武之道，亦乃科学创造之道，诱发灵感之道.

直觉和灵感是难以预期的，它往往发生在一些不同寻常的时间和场合.这也是一个需加注意的特点.灵感有时（或有的人）是在早晨刚刚醒来的时候到来，有时在黄昏，有时在入睡前，有时甚至在梦里（日内瓦大学教授福类瑙爱对数学家作过一次调查，69 位数学家中有 51 位回答说：睡眠中能够帮助解决问题）.灵感的到来有时（或有的人）是在一座桥上，有时在车上，有时是在窗前，有时是在散步或旅行途中，有时是在餐桌上……

灵感又是稍纵即逝的，它并非来自一根清晰的逻辑链条，如果捕捉不及时，可能很不容易再追寻回来，因此要及时记下，甚至应当拿出笔、当即描记下这智慧的火花，以致让其永不熄灭.

对直觉和灵感产生所做的上述分析给我们什么启示？一个初步的归纳如下：

（1）当你持久的思索仍不得其解时，可以暂时搁置一下，转换别的工作.

（2）当你百思不得其解时，要去消遣消遣，而不是转换工作.

（3）别忘了一些特殊的时辰有特殊的作用.

（4）别忘了一些特殊的地点也有特殊效果.

（5）突然迸发出来的思想火花应当及时记下来，因为它是易逝的.

（6）被记下的思想显然还要进一步琢磨它，因为它并非在那一瞬间为你充分理解.

（7）直觉出现的非逻辑性、随机性、易逝性（我们权且使用这一名词)等,都不表明偶然性在支配一切,决定性的东西是你献身数学.

6.5　直觉与逻辑的互补

我们强调了直觉的作用,其中也指出了直觉的发现在科学创造中更关键,比起逻辑的发现来,它甚至更困难.但是,这丝毫不意味着可以忽视逻辑的作用.实际上,直觉与逻辑是科学创造(尤其是数学创造)中的两翼,它们的作用是互补的,它们只能比翼齐飞.

在许多直觉的发现中,创造者往往是在前人的知识所铺就的逻辑大道上行走的.数学史上许多重要的发现证明了这一点.甚至可以说直觉是逻辑的压缩.加拿大科学哲学家邦格认为,没有漫长而有耐心的演绎推论,就没有丰富的直觉.有时则是因为在逻辑的道路上遇到障碍后转而寻求直觉的试探.逻辑能力也有助于增强直觉能力.一个人的逻辑能力与直觉能力并没有某种固定的比例,但作为一个具有创造能力的人来说,绝不会只有其一而缺另一.

当创造过程中的直觉成果出现以后,随之而来的应是逻辑的加工和整理.科学工作的最终产品是要得到一个在逻辑上站得住脚的理论体系.没有逻辑的工夫就没有数学.直觉的结果往往只能意会,不能言传,而科学是必须能"言传"的.在重要的理论著作中,在几乎每一本数学教材和著作中,逻辑演绎都占有最大的篇幅.

非欧几何从罗巴切夫斯基那里发现之后并未能立即站稳脚的原因,除了人们传统观念的阻碍外,也还有逻辑上的工夫尚不足.例如,相容性问题必须回答.这个问题在后来转换为已有欧氏几何的相容性之后,才使非欧几何的地位同欧氏几何一样牢靠.

对于直觉成果的逻辑加工有时是十分艰难的,需要花费很大精力和很长时间.许多猜想为众多的人所研究而长期未决就是这类例子.

费马是一位具有很强的直觉能力的数学家,他在数论、概率论以及解析几何中表现出深邃的洞察力.他曾直觉到(我们只能说直觉到)形如 $x^n + y^n = z^n$ 的方程当 $n > 2$ 时无正整数解,虽然费马声称他已给出了这一论断的逻辑证明,但后来无论如何也找不到他对此的证明.经过了三百多年,经历过欧拉、高斯、勒让德、阿贝尔、狄利克雷、拉梅、柯西、库默尔、林德曼及近代的维纳、范迪维尔等大批数学家的研究,仍未最后证明.

从费马的儿子印行《算术》一书的 1670 年算起,1770 年欧拉对 n =3 证明了费马猜想,1823 年狄利克雷和勒让德对 $n=5$ 证明了;1839 年拉梅证明了 $n=7$ 费马猜想成立,也就是说经历了 169 年之后费马猜想的逻辑证明还只是走了小小的一步:只对开头的三个素数证明了.

取得费马猜想证明的一个重要进展属于库默尔."任一正数数 n 可唯一地表成

$$n = p_1^{r_1} \cdot p_2^{r_2} \cdots \cdot p_k^{r_k}$$

其中,r_i 是正整数,$i=1,2,\cdots,k$;p_i 是素数,$p_i < p_j (i<j)$",这是数论的基本定理,又称"唯一分解定理".库默尔在 1844 年创立了理想数理论,并证明了每个理想数(除了平凡理想数外)都可唯一地分解为素理想数的乘积.1847 年他应用自己的理论证明了费马猜想对 100 以内的素指数(除 37、59、67 外)成立,1857 年他又对 37、59、67 证明了费马猜想.这是对一批(也只是一小批)数证明了费马猜想.

1980 年瓦格斯塔夫(Wagstaff)借助大型计算机证明了费马猜想对 $2<n<150000$ 成立.

1982 年以前人们还不知道费马猜想是不是对无限多个正整数 n 成立.

一个重大的进展发生在 1983 年,德国数学家伐尔廷斯(Faltings)证明了重要的莫德尔猜想(一个 20 世纪初提出的猜想),根据这个猜想直接推论:如果费马方程 $x^n + y^n = z^n$ 有解的话,对每个指数最多有有限个解.然而这也还未达到费马猜想.

随后又开始了把费马猜想归于结构猜想的研究(如德国 Saarland 大学的 G. Frey 等数学家).对这一猜想的逻辑加工就这样艰难地进行着.

从科学创造的全过程看,在直觉产生之前,有一系列为解决某个问题的思维活动(指逻辑的一面),为直觉的出现提供基础,在直觉产生之后,又必然有一系列对直觉知识进行的逻辑加工或整理工作.因此,直觉是穿插于逻辑之中的.另一方面,我们也可以说逻辑穿插于直觉之中.它们是难以分割的.对不同的人来说,可能你在这方面强一些,我在那方面强一些;对同一个人来说,可能在一个时期主要偏重于这方面,在另一时期又偏重于那方面.

　　以上论述有生理学方面的依据吗？人的大脑分左、右半球,左半球是管逻辑的,右半球是管直觉的.所以对同一个人来说,逻辑和直觉能力都是有其生理基础的,只是左、右半脑的开发工夫不一样,因而显出某种能力特别强,而另一种比较弱.因此应当注意全面的开发大脑(这为教育提出了课题).此外,脑科学还证实,左、右半脑是可联合起作用的.胼胝体就是联结左、右半球的横行神经纤维束.左、右半脑不仅有交替作用,而且有交互作用.美国康奈尔大学教授萨根说:"代数方程是人脑左半球的结构原型,而一条普通的几何曲线,即相关点连接起来的图形,则是大脑右半球特有的产物.在一定意义上,解析几何是数学上的胼胝体."他甚至说:"我们可以说,人类的文明就是胼胝体的功能.通过胼胝体沟通大脑两半球,是通向未来的唯一途径."

　　在看到直觉的作用的同时,应当看到直觉的缺陷:直觉一般不能给人们提供严密性和可靠性.因此,夸大直觉的作用是有害的.

　　苏联心理学家卢克曾分析过直觉可能产生的三种错误,第一,直觉可能忽视数学统计规律;第二,可能忽视选取事实的范围;第三,直觉有时可能把两件偶然巧合的事件当作某种必然联系来看待.加拿大科学家邦格也认为,直觉有以下三个缺陷:第一,直觉没有论证的力量;第二,直觉部分地是普通常识;第三,直觉不够精细.

　　由于数学更强调逻辑,强调精细,因此对于数学直觉的缺陷,人们是容易保持警觉的.倒是直觉与逻辑的相互作用往往被忽视.成就卓著的大物理学家、大数学家庞加莱作为一个直觉主义者曾对构造得十分精细但却十分奇特的函数表现出厌恶的心理,这应当说是这位伟大学者的一点不足.一个在直觉与逻辑的互补作用上发挥得如此出色的人也不会是没有一点缺点的.

七 数学创造的方法论问题

创造学所指的创造心理因素包括四类,共 25 项.第一类是创造动力方面的心理因素,有创造的需要,创造的动机,创造的理想,创造的远见,创造的胆识,创新意识;第二类是创造活动方面的心理因素,有创造的注意力,创造的敏感性,创造性思维,创造性想象,创造的思路,创造的思维方法,创造力;第三类是创造活动基础方面的心理因素,有智力,个性,自学能力,评价能力,表达能力,组织能力,决策能力,世界观,心理健康;第四类是灵感,机遇乃至梦境.

上述 25 项心理因素,对于数学创造来说,其重要性是各不相同的,其中最重要的是自学能力,智力,创造力及灵感等.

本章仅从创造的方法论的角度对某些问题做一些阐述,而且首先从善于自学谈起.

谈到创造,那么它本身就应当包括方法的创造,富于创造性的人不会囿于现成的方法,当然需要娴熟、巧妙地利用现成的方法,更重要的是,必要时就去创造新方法,开辟一条新的途径.

谈到方法,这里有具体的数学方法,又有较一般的数学创造方法.我们着重于后者.

富于创造力的人,还应当去创造"创造的方法",所以本章的论述也只是提供一个引子.

波利亚说的好:

> "发明创造的规律,第一条是动脑筋和运气好,第二条是
> 锲而不舍直到出现一个好念头."

锲而不舍的精神可能给你带来好运气,一个好运气又可能使你锲而不舍的精神增长一倍.他又说:

　　"解答所有可能的数学问题的这种放之四海皆准的发明

创造规律……这类规律验之如神；但事实上并不存在．找到

一种可适用于各种各样问题的万灵规律是一个古老的哲学

梦想．"

这种万灵的规律如果存在，那么创造在某种意义上讲就不复存在

了．因此，

　　"合理的探索法不能以万灵规律为目标，但它可以努力

研究在解题中典型有用的做法（智力活动，策略，步骤）．"

本章亦本着这种精神展开叙述．

7.1　善于自学

　　有人对科学家群进行过详细调查，并对调查结果进行了统计分析．主要办法是将调查内容的答案量化，然后计算平均数、标准差、平均数之间差异的显著性 t 检验及相关系数．调查的结果有两点特别值得注意．

　　首先，如果我们把各种研究活动按性质分为五类：自然科学基础研究，自然科学应用研究，自然科学发展研究，社会科学研究，科技管理研究，那么，对于这五类研究，25 项创造心理因素中，其作用占第一位的都是自学能力．

　　其次，对自然科学基础研究这一类来说，在 25 项因素中，自学能力作用的平均数，除与智力作用的平均数的差异不显著外，与其他 23 项因素的作用平均数的差异都很显著．可见，自学能力对于自然科学基础研究的整体作用是很突出的．对于自然科学的应用研究与开发研究，自学能力作用平均数与其他因素作用平均数的差异属于显著者分别为 21 项和 22 项，所以自学能力在自然科学的这两类创造活动中的作用也是十分突出的．

　　数学创造活动主要是基础研究和应用研究两类，所以自学能力在数学创造中的重要性就不言而喻了．应当指出的是，比起其他自然科学来，在数学创造活动中，自学能力的作用更为突出些，这是数学研究活动的特点所决定的．

　　在《美国数学的现在和未来》一书中谈到数学区别于其他学科的特点时指出："在所有学科中，数学是劳动力最为密集的科学．除了计

算机以外,数学几乎不需要什么设备."　"数学是一种'小范围经营的科学'.有两三人合作研究的情况虽非少见,但有许多人参加的大型攻关项目相对来说是很少的."数学工作者相对独立的活动的确比别的学科要多,个体脑力劳动的特征比别的学科更为显著(这并不排斥在数学创造活动中群体效应的重要性,见3.9节).自学能力对数学工作者创造力的特殊影响,这是业已存在的事实.

历史上,主要靠自学取得成功的数学家大有人在.创立了解析几何的笛卡儿就是靠自学的.费马这样的大数学家却不是"专业"的,而是个"业余"数学家,更要靠自学.代数学家韦达(Vieta)是另一位"业余"数学家.我国当代著名数学家华罗庚也主要是靠自学的.阿贝尔、伽罗瓦等也主要靠自学.霍夫曼在纪念爱因斯坦时说:"爱因斯坦成长的关键是自学,这同他的强烈好奇心以及他的惊奇感联系在一起,就有了决定性的意义."

是否由于数学现状的日新月异,数学内容的与日俱增,数学教育的地位变得愈来愈重要,而使得自学能力的作用下降了呢?数学教育对于一个人进入数学创造领域的意义确实增长了,但与此同时,对自学能力的要求不是下降了,而是提高了.事实上,自学能力的培养与接受学校教育并不是对立的两件事,即令在学校学习期间,也有一个提高自学能力的重要任务,导师对于学生的重要职责之一就是指导学生增强自学能力.一个人仅靠大学学习的这一点数学是不够用的,90%以上的知识还要靠走向社会、走向工作岗位之后不断学习,不断吸收和补充新的知识.所以自学对未来更有决定意义,我们不妨说,在校的学习主要是学习自学.数学创造活动应当从创造性的学习开始,经过自学走向独立研究的道路,经过自学获得新的创造源泉,甚至在坚持自学的过程中就有可能会出现创造.因为当你独自去理解一种理论时,你的角度也许就是有别于前人的;当你独自去计算一个问题时,你的计算办法也许就与前人不同.而这就是创造的开端,别出心裁,另辟蹊径,从这里就开始了.反之,只知道被动地跟着老师转,只知道依葫芦画瓢,就难以迈出创造的步伐;自学开始得越迟,创造到来得越晚;自学能力越弱,创造能力越差.

关于自学的方法,一般要强调循序渐进,一步不懂,不走下步.这在开始学习数学时尤应如此,此时需要有韧性.但在一定阶段之后,也并不一定硬要弄懂前面的然后才能看后面的,也可以把某些没有弄懂的东西暂时放下,继续往前走,这样可能过一段时间再回头来看时更容易看懂了.但不可以大段大段地撂掉,这样就可能根本看不下去了,尤其是那些前后逻辑联系十分紧密的地方.对于最基础的理论切不可一知半解,一定得弄懂.经过一定阶段之后,对于某些数学结论是如何证明的,甚至可以不多加注意了,只是利用这些结论罢了.例如,"π是超越数"这一结论,恐怕许多人一下子都证不出,但这并不影响人们去利用这一结论.当然,如果这个证明的思想和方法本身是你必须研究的或研究别的问题时所需要的,那么这个证明就要熟练掌握了.对于从事理论数学和应用数学,各自自学的要求不一样;不同分支的数学工作对自学的要求也不一样.数学一般要求"知其然,也知其所以然",但在某些场合、对某些问题也可只知其然,而不知其所以然.然而有一点是共同的,所有研究数学的人都必须善于自学.

有些人,很快就显示出独创性,有些人则来得迟缓一些,这不要紧,因为对于一辈子来说并不决定于某一片刻,少年得志或大器晚成都比一事无成好.在开始时,尤其在自学时,不要忌讳去模仿别人,未来的数学家,是通过模仿和实践来学习的.我们强调自学,并不轻视导师的重要性.对于任何初次来到某个陌生城市观光的人,有向导和没有向导,观光的效果是很不一样的.能够学徒于某位贤能的高师门下不能不算一件幸事,他指点你沿着哪条路走,并告诉你大约如何走下去就可能获得成功,特别,从导师那里还可以得知一些你在书本上查不到的经验和教训.但导师指点之后的工作主要又是自学.善于查阅文献,勤于整理资料,制作必要的资料卡,运用得好,那么文献资料这些"死东西"就可以变为"活导师",实现这种转变的主要杠杆又是自学.

7.2　善于推理

形式逻辑是关于人的思维的基本规律的科学,形式逻辑的基本对象是概念、判断和推理.即使是实验科学,除了概念和由概念组成的判断外,也需要推理.推理几乎或多或少为每门学科所需要,但数学尤其需要,推理在数学中的地位远比在别的学科中的地位突出.

上述情况是数学的特点所决定的,数学的每一学科都要求从最少的几个概念(基本概念或原始概念)和最少的几条判断(公理)出发,经过推理得到该学科的全部结论或理论.例如,通常的几何,是仅由五条公理(称为欧几里得公理)出发的,全部(欧氏)几何的知识由此导出;(整)数论也是仅由五条公理[称为皮阿诺(Peano)公理]出发的,全部(整)数论的知识由此导出……这样,推理的地位自然是举足轻重的.有人说,数学全是由形如"p 蕴涵 q"的命题组成的,全是"因……故……"这一论断过于概全了,但这些命题确实构成了数学的绝大部分.

上述特点是在数学的历史中形成的.数学以几何学成熟得最早,17 世纪以前,数学家和几何学家是同一个意思,几何占有至高无上的地位.而几何成熟的标志就是她有了欧几里得公理体系,这是最早建立起来的演绎体系.如此优美的演绎体系首先在数学中建立起来,正是从这个意义上讲数学在自然科学中(按传统的观点)成熟得最早.两千年之后,牛顿效法欧几里得,在力学中引进三个公理(称为牛顿三定律),从而建立起完整的经典力学,演绎体系进入物理学世界.后来爱因斯坦也效法这一点,他建立两条基本原理以作为整个相对论的基础.物理学的许多分支形成了演绎体系.

欧几里得首创的公理方法,在非欧几何诞生的过程中显示出特有的威力,仅仅出于对公理本身的(独立性问题)讨论导致了新的几何发现.欧氏公理(最初叫公设)共五条,其中的"平行公理",人们对于它的疑惑最多,有的人试图用别的公理来替代它,结果推出了另一套几何,发现了新的几何空间,这种几何虽与传统的几何观念不一样,但确实是一种新的几何,经过好多年之后这种几何居然也被现实世界应用上了,并且更有力地反映着物质空间.这一事件震撼了数学界,从此人们对公理方法的兴趣剧增,以至于 19 世纪以来出现了一个公理化运动.这就是公理方法在数学中被广泛采用的历史背景.这也就是推理在数学中具有别的学科无法比拟的作用的缘由.因此,要进入数学创造领域必须学会推理,善于推理.这是毫无疑义的.

我们上面所说的,实际上着重讲的是演绎推理.其实还有一种反向的推理叫归纳推理.归纳推理是由个别到一般的推理或由较窄的前提向较宽的结论所做的推理,演绎推理则相反.从公理出发进行推理,就是从一般的前提出发推演出个别的结论.正因为公理方法实质上是演绎的,所以几何学被称为演绎的科学;整个数学(各分支)都要求建立在公理上,所以整个数学也被称为演绎的精密科学.数学史上有过建立一套公理将全部数学包罗无遗的计划,但这一计划失败了,说明公理方法的作用亦非绝对的.

演绎是重要的,归纳也重要,两者都是创造中不可缺少的.演绎有时是困难的,归纳有时更困难.美国数学家波利亚(Polya)说:"用欧几里得方式提出来的数学看来像是一门系统的演绎科学;但在创造过程中的数学看来却像是一门实验性的归纳科学.这两个侧面都像数学本身一样古老."

关于演绎与归纳的详细介绍与讨论,读者将在笔者的另一本拙著《数学方法论》中找到.此处我们强调的是要善于推理,本节我们又偏重于演绎推理.

如何才能达到善于推理的目的?

体操是使人体健康、强壮的有效手段.数学中的练习就好比思维的体操,它能使你的思维健康、强壮,使你的推理能力不断提高.既然是体操,就要经常地、持久地进行,解题是数学的基本功,需要千锤百炼.舍此,不可能获得娴熟的数学推理能力.

推理能力,包含这样三个方面:对推理的前提有充分而深刻的了解;正确掌握推理的基本规律;能巧妙地变形并迂回曲折地前进.

对于演绎推理而言,前提必须是正确的,否则,全部推理失效.因此必须审慎地体察你着手推理的前提.

如果发现结论错了,那么,或者是推理中违反了某种逻辑规则,或者前提本身有问题.

"凡数都能比较大小,整数是数,所以整数能比较大小."这是一个三段式论证的全过程,结论部分并未错.再看一个例:"凡数都能比较大小,虚数是数,所以虚数能比较大小."后一结论显然错了,错在何处?两个推理的前提都是一样的,且推论过程也未出错,那么可以肯定前提有错,事实上,"凡数都能比较大小"这个前提是错误的.

下面,我们"证明":"任一三角形是等腰三角形."[①]

任取△ABC.在△ABC中,作∠A的平分线AH,并从BC的中点D作DS垂直于BC.

---

① 参见:米山国藏《数学的精神·思想和方法》,中译本,375-376,四川教育出版社.

此时,AH 与 DS 或平行,或相交.

若 AH 平行 DS,则 AH 垂直于 BC,从而可知 $AB=AC$,即 $\triangle ABC$ 为等腰三角形.

若 AH 与 DS 相交,记交点为 O,则 O 在 $\triangle ABC$ 内,或在 $\triangle ABC$ 外.

首先讨论 O 在 $\triangle ABC$ 内的情形(图 A).

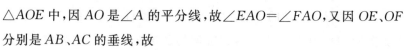

图 A

此时,由 O 分别向 AB、AC 引垂线 OE、OF,并分别连接 O 与 B、O 与 C. 在 $\triangle AOF$ 和 $\triangle AOE$ 中,因 AO 是 $\angle A$ 的平分线,故 $\angle EAO=\angle FAO$,又因 OE、OF 分别是 AB、AC 的垂线,故

$$\angle OEA=\angle OFA=90°$$

且 AO 为公共边,于是得

$$\triangle AOE\cong\triangle AOF$$

$$AE=AF,\quad OE=OF$$

又,在 $\triangle OBD$ 和 $\triangle OCD$ 中,$\angle ODB=\angle ODC=90°$,$BD=CD$,$OD$ 为公共边,于是

$$\triangle OBD\cong\triangle OCD$$

$$OB=OC$$

故在直角 $\triangle OBE$ 和 $\triangle OCF$ 中,有 $OE=OF$,$OB=OC$,所以

$$\triangle OBE\cong\triangle OCF,\quad BE=CF$$

由 $AE=AF$,$EB=FC$ 知,$AE+EB=AF+FC$,此即 $AB=AC$,于是 $\triangle ABC$ 为等腰三角形.

其次讨论 O 在 $\triangle ABC$ 之外的情形(图 B).

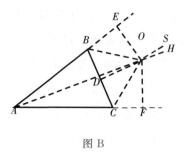

图 B

此时,由与前一情形相同的理由,有

$$\triangle AOE\cong\triangle AOF$$

$$\triangle OCD\cong\triangle OBD$$

从而 $\triangle OCF\cong\triangle OBE$,于是

$$AE=AF,EB=FC$$

$$AE-EB=AF-FC,即\ AB=AC$$

证毕.

"任一三角形是等腰三角形"这个结论显然是错的,但上面居然"证明"了! 那么错在哪里? 推论过程还是前提?

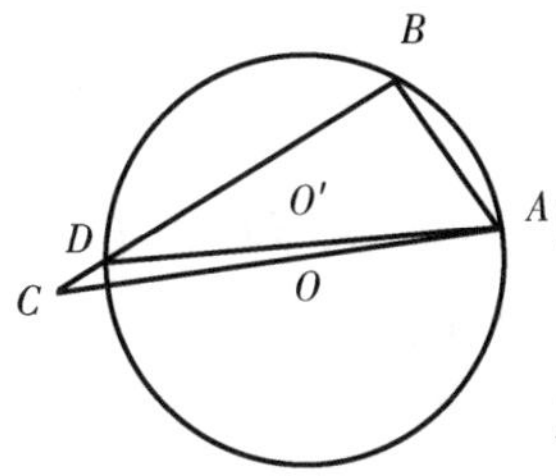

再看更简单的一例.

在图 C 中有圆 O. 我们"证明"它有"两个圆心".

图 C

圆 O 上的弦 AB,连接 A 与圆心 O,又过 B 作 AB 的垂线交圆 O 于 D,BD 与 AO 交于 C. 因为 AD 为圆 O 上所张之角,$\angle B$ 是直角,故其是圆 O 之直径,所以 AD 之中点 O' 为圆 O 之圆心. 于是 O 与 O' 同为圆心.

"一个圆有两个圆心",显然是错的,而现在居然也被"证明"了,错在哪里?

以上是一些结论明显有误的例子,困惑发生在一些结论并非明显有误的情形.

历史上,数学家在推理证明中发生错误的事例并不是罕见的. 其中,很多是因为使用了站不住脚的前提,或者违背了形式逻辑的其他基本规律.

有两种例外:结论显然不成立,推理过程也没问题,结果发现是作为前提的公理系统不够完备,这是其一;结论显然有矛盾,推理过程也没问题,结果发现是在本公理系统内无法解释这一矛盾,这就是悖论.

通过数学本身的训练可以学习逻辑,但对于学习和研究数学的人来说,最好还能专门读点逻辑学(从事于数理逻辑者更不待言).

要做到对业已存在的事实或前提及其关联的充分而深刻的了解,这又要具备相应的两个条件:丰富的知识和很强的分析力.

例如,要证明一个几何命题,就要熟悉相关的许多知识,再加上分析力便可灵活运用这些知识开始推理. 要证明"π 是超越数",就要有较好的代数知识和微积分知识;要证明 $2^{\sqrt{2}}$ 是超越数(一般地说,α^{β} 是超越数,$\alpha \neq 0, 1$;β 为非有理数之代数数)就需要更多一点的分析知识. 一般来说,要攻一个数学命题,是必须打好数学基础的,特别是一些数学难题,往往涉及的数学知识是多方面的,因此对预备知识的要求也很高.

当然,随着数学的发展,有些证明会不断地简化,人们也将寻求用初等方法来取代高等方法,这对后来者掌握这些知识非常有利.但是在数学创造的过程中,曲折的道路是常见的,能够在曲折道路上行驶者,不仅要知识面宽阔,而且要思维敏锐、灵活,也不能期待捷径一下子就来临了.

至于如何思维灵活,如何巧妙地迂回前进,要做的文章可多了.这已经不只是形式逻辑的问题而更多地需要辩证的思维了.在本书中我们实际上将陆续涉及一部分.

从一个判断转移到另一个判断的逻辑过程都叫推理.演绎推理之外,还有归纳推理、类比推理等.本节主要阐述的演绎推理是数学推理的一种基本形式,然而,在数学创造中它绝不是唯一的.逻辑演绎与非逻辑的其他推理的关系,是创造学中一个给予充分注意的问题.

7.3 善于猜想

猜想或假说,这是与演绎推理不相同的,这两方面的能力因而也是不相同的.

恩格斯曾说:"只要自然科学在思维着,它的发展形式就是假说."这段话讲得很精辟.科学的假说,科学的猜想,指的大抵是一回事.只要进行科学研究,进行发明创造,从其全过程来看,都离不开假说或猜想.

人们在研究某个问题时,一般都不是一开始就找到结论的,在最后得出结论之前,或在最后证明结论之前,一般只是估计某命题或公式可能正确,对其正确的确信程度可能很高,但毕竟不是最后定论,因此就只能是估计,是猜想.猜想是创造的重要源泉.

在创造的过程中,猜想常常是一个接一个的,一个猜想被证实了,又转入另一个猜想;一个猜想被否定了,又调换一个新的猜想.

有的猜想很快就被证实是对的,有的猜想很久很久得不到证实,有的猜想被人确信的程度很高因而未被证实之前人们将其作为前提加以应用.有些猜想被记载下来,更多的猜想未被记载下来;被记载下来的往往是那些很久未被证实且产生较大影响的猜想,未被记载下来的往往是自我猜想又在较短时间内自我证实的猜想.

在很普通的思维活动中也离不开猜想.下面以一个极普通的几何证明问题为例即可说明.

如图所示,已知 AD 为任意三角形 ABC 中 $\angle A$ 的平分线,AD 交 BC 于 D,证明 $\dfrac{AB}{AC} = \dfrac{BD}{CD}$.

在开始证明这一结论之时我们几乎立即进入猜想:可能存在两个相似的三角形,而 AB 与 BD、AC 与 CD 分别为对应边;或者存在两个三角形而 AB 与 AC、BD 与 CD 分别为对应边.

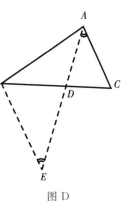

图 D

眼下的三角形有三个:$\triangle ABC$,$\triangle ABD$,$\triangle ADC$.但它们彼此都不相似.因此我们又猜想:相似的三角形可能要通过某种附加手段得出.

当我们作辅助三角形时,也可能要经过若干次尝试或猜测,运气好的话,也可能一次就尝试成功.如果延长 AD 至 E 使 $AD = DE$ 就难以论证下去了,如果延长 AD 至 E 使 $AB = BE$,那么这时很快可找到所需要的相似三角形:$\triangle ADC$ 和 $\triangle EDB$.

我们观察一下奇数的连加.$1 + 3 = 4$,这不会使我们猜想到什么,再往下看:

$$1 + 3 + 5 = 9$$
$$1 + 3 + 5 + 7 = 16$$
$$1 + 3 + 5 + 7 + 9 = 25$$

这时,也许会想到点什么了:$4, 9, 16, 25$ 不就是一些平方数 $2^2, 3^2, 4^2,5^2$ 吗,这可能是一个普遍的规律,于是一个猜想产生:等式

$$1 + 3 + 5 + \cdots + (2n - 1) = n^2$$

对所有的自然数 n 都成立.然后再着手证明,若能完成其证明,这将不复为猜想而成为数学定理了:前 n 个奇数之和等于 n^2.

再看一组式子:

$$1^3 + 2^3 = 9$$
$$1^3 + 2^3 + 3^3 = 36$$
$$1^3 + 2^3 + 3^3 + 4^3 = 100$$
$$1^3 + 2^3 + 3^3 + 4^3 + 5^3 = 225$$

这些和也是些平方数,于是我们立即产生第一个猜想:从 1 开始的连续自然数之立方和是某个自然数的平方.什么数的平方呢? 它们不再是连续自然数之平方了,而是 $3^2, 6^2, 10^2, 15^2$,这里的 3、6、10、15 又有

没有什么规律呢? 似乎没有什么规律,但这个结论可不能轻易下,科学发现的目的就在于寻求规律,不到山穷水尽绝不轻易下此种结论.

我们应当往下多看两步

$$1^3 + 2^3 + 3^3 + 4^3 + 5^3 + 6^3 = 21^2$$

$$1^3 + 2^3 + 3^3 + 4^3 + 5^3 + 6^3 + 7^3 = 28^2$$

眼力稍强一点,从 3、6、10、15、21、28 的规律当可看出了:

$$3 = 1 + 2$$

$$6 = 1 + 2 + 3$$

$$10 = 1 + 2 + 3 + 4$$

$$15 = 1 + 2 + 3 + 4 + 5$$

21 是从 1 加到 6,28 是从 1 加到 7. 于是我们产生第二个猜想:前 n 个自然数的立方和等于前 n 个自然数和的平方. 然后着手证明其对任何自然数都成立.

说数学的历史是一部充满了猜想的历史是一点也不夸张的. 数论是数学中最古老的分支之一,她又被誉为数学的女王,有关数论中猜想的记载也是最为丰富的,猜想在数论发展中的作用又最易为人所见.

早在公元前 300 多年,欧几里得就对数论有许多深刻的研究. 完全数(或完美数)为其一例.

6 除了其自身外,它的除数是 1、2、3,而 1、2、3 之和正是 6. 这种数称为完全数. 这一概念我们在第二章已见过了. 28 也是一个完全数,因为其真除数 1、2、4、7、14 之和正是 28.

欧几里得证明了,若 $p = 1 + 2 + 2^2 + \cdots + 2^n$ 是一个素数时,则 $2^n p$ 是完全数(得到这一个命题之前亦必有猜测). 这样,欧几里得也提供了一个构造完全数的方法(叫欧几里得方法).

约公元后 1 世纪,尼科马修斯(Nicomachus)得到最小的前四个完全数 $6,28,496,8128$. 于是,尼科马修斯猜想:每个完全数的末位数是 6 与 8;且交替出现;又每个完全数都可由欧几里得方法得到(这实际上包含三个猜想).

$6,28,496,8128$,这些数恰好在 $1,10,100,1000,10000$(或 10^0,$10^1,10^2,10^3,10^4$)之间,于是,约在公元 3 世纪,雅布尼修斯猜想:在每个区间 $(10^n,10^{n+1})(n=0,1,2,\cdots)$ 中有且仅有一个完全数.

公元 1538 年(距雅布尼修斯也有 13 个世纪了),雷杰乌斯发现了第五个完全数 33550336,这就证明区间 $(10^4,10^5)$ 中没有完全数,甚至在 $(10^4,10^7)$ 之中也没有完全数.可见雅布尼修斯猜错了.

公元 1588 年,加太地给出了第六个完全数 8589869056,这样就证明尼科马修斯关于完全数末位数由 6 与 8 交替出现的猜想也错了.

由于 $1+2+2^2+\cdots+2^{n-1}=2^n-1$,所以欧几里得方法又可叙述为:如果 2^n-1 是素数,那么 $2^{n-1}(2^n-1)$ 是完全数.18 世纪,欧拉证明了:凡偶完全数都是形如 $2^{n-1}(2^n-1)$ 的数,其中 2^n-1 是素数,亦即凡偶完全数都可由欧几里得方法得到,这就部分地证明了尼科马修斯关于凡完全数都可由欧几里得方法得到的猜想是对的.

那么,是否存在奇完全数呢?人们又猜想奇完全数是存在的.

在讨论完全数时,形如 2^n-1 的素数很重要,这种素数又专称为默森素数,于是,又转向另一个猜想:存在无穷多个默森素数.

仅仅关于完全数的问题,就贯穿着长长的一串猜想,而且延绵数千年.有的猜想被证实是正确的,有的猜想被证实是错误的.但不管其结果如何,它们都伴随着创造,它们都对数学发现起着不同的作用.

数论中的创造连绵不断,数论中的猜想也数不胜数,哥德巴赫猜想,黎曼猜想,费马猜想,杰波夫猜想,华林猜想,高斯猜想,伯特兰猜想,克莱姆猜想,默森数猜想,商高数猜想,拉马努金猜想,哈斯(Hasse)猜想,韦尔猜想,阿丁(Artin)猜想……

有些猜想在未被证实之前就产生重要作用.

费马关于 $x^n+y^n=z^n$ 当 $n>2$ 时无正整数解的猜想,曾被希尔伯特赞誉为能下金蛋的母鸡,因为伴随着对这一猜想的三百多年的研究过程产生过不少珍贵的副产物,最著名的是库默尔为研究费马猜想引进的理想数.希尔伯特评价道:"受费马问题的启示,库默尔引进了理想数,并发现了把一个循环域的数分解为素因子的唯一分解定理.这一定理今天被戴德金和克罗内克推广到任意代数域,在近代数论中占着中心地位,而且其意义已远远超出数论的范围而深入代数和函数论领域."

著名的黎曼猜想是另一个例子,这个猜想虽未得到证实,但利用它已可得到一系列合理的结论.由级数

$$1 + \frac{1}{2^s} + \frac{1}{3^s} + \cdots + \frac{1}{n^s} + \cdots$$

所确定的函数可以经过复变函数论的方法解析开拓到全平面上（除点 $s=1$ 外）去,记此函数为 ζ 函数,又称黎曼函数 $\zeta(s)$. 在数论的研究中 $\zeta(s)$ 的零点的分布情况有广泛而重要的应用. 1859 年黎曼在同一篇论文中关于 $\zeta(s)$ 提出了六个猜想（此论文堪称数学家提出重要猜想的光辉文献）,这些猜想提出之后的 35 年内,其中五个得以证实,但第五个一直未能证实,这个猜想特称为黎曼猜想,即:除去一些平凡的零点外,$\zeta(s)$ 的零点都在直线 $\mathrm{Re}s = \frac{1}{2}$ 上. 这一猜想本身经历了 100 多年,虽仍未解决,但已产生出不少副产物.

猜想是通向创造的门扉,猜想给创造以巨大的推动力. 然而,此处我们强调的不是猜想的巨大作用本身,也不是鼓励读者立即去研究某个猜想. 我们所强调的重点是:猜想在每个人的创造活动中都是不可缺少的（即令研究某个现存的猜想过程中也会有新的猜想伴随）,因而要非常注意培养自己进行猜想的能力. 猜想的能力与创造的能力成正比.

怎样才能做到会猜想呢？ 善归纳,因为很多猜想是通过归纳产生的,是从个别向一般的飞跃过程中产生的；善联想,因为联想是最活跃的一种思维方式,奇妙的联想产生奇妙的猜想；善分析（指与综合相对立的思维过程）,因为分析帮助我们把问题转化、简化,从而在此过程获得猜想……

猜想需要克服演绎可能带来的惰性,猜想需要突破传统可能带来的束缚,猜想往往是非常规的,所以猜想要求保持活跃的思想.

当你开始意识到猜想的重要性时,从此你就不要再害怕提出猜想,不要害怕猜错了（因为猜想本来就可能对,也可能错）,只要你的脚步不只是停留在猜想上就行了,因为猜想本身还不是科学,我们的目标是通过猜想,达到创造,达到科学. 令人难堪的不应当是进行猜想本身,而应当是不去进行猜想.

甚至某些后来被证实是猜错了的猜想也产生过积极的影响. 我们知道,费马关于对一切非负整数 n 来说形如 $2^{2^n}+1$ 的数都是素数的猜想是错的. 这个猜想在 17 世纪提出后直到 18 世纪才为欧拉发现它是错的(1732年),即当 $n=5$ 时,$2^{2^5}+1$ 有素因子 641. 然而费马的这一猜想也有积极意义,我们概述以下几点.

第一个有积极意义的结果载于 1801 年高斯的著作《算术研究》中,结果是:正 n 边形可用直尺和圆规作图的充要条件是 n 具有以下形式:

$$n = 2^k \text{ 或 } n = 2^k \times P_1 \times P_2 \times \cdots \times P_r$$

其中 $k>0$,$P_1, P_2, \cdots, P_r$ 是不同的费马素数(注:形如 $2^{2^n}+1$ 的数叫费马数,形如 $2^{2^n}+1$ 的素数叫费马素数).

其次,费马数激发了人们对因子分解的热情. 人们陆续找出一些分解方法,有 Proth 方法,Pollard 方法,Lehmer 和 Powers 的方法等. Proth 素性检验法是:费马数 $F_n = 2^{2^n}+1$ 为素数的充要条件是

$$3^{(F_n-1)/2} \bmod L_n = -1$$

上式左端的表达式是便于用计算机计算的.

1880 年,Landrg 发现 F_6 有素因子 274177.

1905 年,Morehead 和 Western 发现 F_7 是合数.

1909 年,Morehead 和 Western 又发现 F_8 是合数.

以后发现 F_9 直到 F_{16} 以及后面的一些 F_n 都是合数,这又促使人们提出新的猜想:除 F_0, F_1, F_2, F_3, F_4 外其余全是合数,亦即费马素数只有前五个.

虽然 1905、1909 年就已知 F_7、F_8 是合数,但其因子分解并未完成. F_7 是 39 位数,直到 1971 年才弄清楚它是 17 位和 22 位的两素因子之积. F_8 是 78 位数,直到 1981 年才弄清楚它有一个 16 位的素因子,而另外一个 62 位的因子是否为素因子,后来才为 H. G. Williams 解决. 至于 F_9,虽然已知其有一个素因子 2424833,然而它的另一个 148 位的因数,还没有一个人能把它因子分解成几个素数.

(读者应当注意,$F_7, F_8, \cdots$ 的分解绝非手工所能做到的. 对 F_7,曾在一种 IBM360-91 型计算机上算了 1.5 小时. 对 F_8,曾在一种 Univac1100/42 型计算机上算了 2 小时才发现那个 16 位素因子.)

综述之:一个猜错了的猜想导致了一个古老的几何难题的解决;激发了人们因子分解的持久积极性;并且勾起了人们提出新的猜想,展开新的课题.

由此我们当能更加确信高斯的断语:"若无某种大胆放肆的猜测,一般不可能有知识的进展".(注:高斯既是大胆放肆地进行猜测的典范,又是严谨细致地进行论证的典范.)

比"猜测"更宽一点的是"问题".

希尔伯特曾说:"科学的发展具有连续性.……每个时代都有它自己的问题,这些问题后来或者得以解决,或者因为无所裨益而被抛到一边并代之以新的问题.只要一门科学分支能提出大量问题,它就充满生命力;而问题缺乏则预示着独立发展的衰亡或中止."这是希尔伯特关于数学发展乃至科学发展历史的一段精彩的论述,关于问题重要性的一段精彩的论述.

事实上,不只对于一个科学分支,对于一个人也是如此,如果一个人能大量提出问题,他在其科学创造活动中就充满生命力,而问题缺乏则意味着进步缓慢甚至中止.

希尔伯特认为问题可以锻炼研究者钢铁般的意志和力量,使人们达到更加广阔和自由的境界.他认为,在通向那隐藏的真理的曲折道路上,问题是指引我们前进的一盏明灯.他甚至认为问题是数学的灵魂.希尔伯特本人就是善于提出问题的典范,在跨世纪的 1900 年他一口气向全世界提出了 23 个数学问题,在数学史上还没有一位像他这样提出这么多、这么重大、影响这么深远的问题的人.

因此,我们在科学的征途上,要学会猜想,大胆猜想,善于猜想;学会提出问题,大胆提出问题,善于提出问题.这是通向创造的康庄大道.

7.4　善于退步

有一产品,需要 n 种原料配成,每种原料又可取 m 种不同的分量,问配成此产品的方式有多少种? 熟悉答案的人当然觉得很简单.若尚不知,则可退到一个十分简单的问题:n 种原料,但每种原料只取一种分量,那么配成此产品的方式只一种.如果有一种原料可取两种不同分量,那么方式是 2 种;如果有两种原料可取两种不同分量,那么方式是 4 种;如果有三种原料可取两种不同分量,那么方式是 2^3 种……如果 n 种原料都可取两种不同分量,那么产品配成方式是 2^n 种.这样,我们很快可以猜到结论是 m^n.最后只要通过数学归纳法证明一下即得答案.

以上是个极简单的例子,通过它,我们说明:研究一个比较一般、比较抽象的问题,我们常常需要先退到一个比较具体、比较简单的问题上去,然后再逐步逼近最终结果.华罗庚曾说:要"善于'退',足够地'退','退'到最原始而又不失去重要性的地方,是学好数学的一个诀窍!"实际上,这也是数学创造的一个诀窍.

有位老师,准备了五顶帽子,两顶黑色的,三顶白色的,找来三个聪明的学生,先把帽子让他们看清楚,然后请他们闭上眼睛,再给他们每人戴上一顶白帽,把剩下的两顶黑帽藏起来.最后让他们睁开眼睛,并让他们猜自己戴的是什么颜色的帽子.三个聪明的学生,互相看了看(另二人所戴帽子的颜色),并思索了一下,便都回答说自己戴的是白色帽子.

为何三个学生都能正确回答?因为他们也懂得"退".读者不妨也先"退"到"两个学生、一顶黑帽、两顶白帽"的情形,从这种最简单的情形开始思索.

这种退步法,不仅在需要用归纳法的一类问题中用到,在其他许多问题中也可用到.

例如,求 $x^5 + 5x - 1 = 0$ 的一个实根(它必存在).这看上去很难.但我们立即可以退步:既然把这个根很快就找出来比较困难,那么就先退到"看看这个根可能在哪个范围".这好比要寻找一个人,当不能立刻找到这个人的时候,就退一步,先看看这个人在哪个城市;然后再打听这个人在这个城市的哪个区;在这个区的哪条街;在这条街的哪栋楼;在这栋楼的哪一层、哪一号.

记 $F(x) = x^5 + 5x - 1$. 易知 $F(0) = -1$,$F(1) = 5$. 因 $F(0) < 0$,$F(1) > 0$,故在 0 与 1 之间这个范围内(至少)有方程的一实根."退"到这一步,反而便于我们前进了.

$F\left(\dfrac{1}{2}\right) = \dfrac{1}{2^5} + \dfrac{5}{2} - 1 > 0$,现在我们又可前进一步了:0 与 $\dfrac{1}{2}$ 之间有根.

$F\left(\dfrac{1}{4}\right) = \dfrac{1}{4^5} + \dfrac{5}{4} - 1 > 0$,于是可再前进一步了:$\left(0, \dfrac{1}{4}\right)$ 之中有一实根.

$F\left(\dfrac{1}{8}\right) = \dfrac{1}{8^5} + \dfrac{5}{8} - 1 < 0$,又前进一步:$\left(\dfrac{1}{8}, \dfrac{1}{4}\right)$ 之中有一实根.

易知 $F\left(\dfrac{1}{5}\right)>0$，$F\left(\dfrac{1}{5.5}\right)<0$，故此 $\left(\dfrac{1}{5.5},\dfrac{1}{5}\right)$ 内有根. 如果此时你说这实根就是 $\dfrac{1}{5}$，那么其误差也不超过 2% 了. 总之，我们可以一步一步地找到根或求出这根的近似值.

当然，就上面所说的这个具体办法而言，显得很啰唆，找到这个根或其近似值所花的工夫太大，速度太慢，我们自然应当寻求（事实上已有）更快、更有效的办法. 这里我们只是借此例来说明这个"退"的思想.

现在我们可以看清楚了，"退"只是一个方法，"退"的目的还在"进"，在于更好地"进"，"进"到最终解决问题. 为了能进，必须善于退，因此可以叫作"以退为进".

这种以退为进的思想，在解决一些重大数学课题时尤其要用到.

哥德巴赫的"1+1"问题是著名的难题. 这里的"1"代表一个素数，"1+1"问题就是充分大的偶数能否表成一个素数加一个素数. 这个问题很困难，于是就先"退"，将一个素数改为不超过几个（例如 n 个，m 个）素数的乘积（$n,m>1$ 时便是合数），于是"1+1"就"退"到"$n+m$"了. 人们首先解决了"9+9"，再前进到"6+6"，"5+5"，"3+3"，又证明了"1+5"，"1+4"，"1+3"，陈景润前进到了"1+2"，这样一步一步地逼近"1+1". 这是一场以退为进的大战役，大批数学家投入其中！列出一个表来可使我们更清晰地看到这一场面：

问题	解决时间	解决人姓名	所属国家
9+9	1920 年	布　朗	挪　威
7+7	1924 年	拉德马哈尔	德　国
6+6	1932 年	麦斯特曼	英　国
5+5	1938 年	布赫斯塔勃	苏　联
4+4	1940 年	布赫斯塔勃	苏　联
3+3	1956 年	维诺格拉托夫	苏　联
2+3	1957 年	王　元	中　国
1+6	1948 年	兰恩依	匈牙利
1+5	1962 年	潘承洞	中　国
1+4	1962 年	潘承洞、王元	中　国
1+3	1965 年	布赫斯塔勃	苏　联
		维诺格拉托夫	
		庞皮麦黎	意大利
1+2	1966 年	陈景润	中　国

要退到既容易解决问题,又能由此而逐步逼近目标的地方,所以如何有效地以退为进是颇有讲究的.

空间有 n 个平面,其中任何两个平面不平行,任何三个平面不相交于同一直线,任何四个平面不同交于一点,这 n 个平面将空间划分为多少部分?

这个问题当然一口气难以答上来,于是就"退":先从一、两个平面考虑起.一个平面显然是将空间分为两部分;两个平面是将空间分为四部分,三个平面是将空间分为八部分;于是再"进":n 个平面将空间划分为 2^n 部分.然而这样"进"就错了.这种"退"的办法不能有效地解决问题.所以得讲究"退"的办法.我们转到另一种"退"法,"退"到去考虑:平面上 n 条直线(其中任何两条不平行,任何三条不交于一点)将平面划分成多少块?这个答案是"$\frac{1}{2}n(n+1)+1$"块.现在再转到已有 n 个平面,并记这 n 个平面将空间分为 F_n 份,现在再添一个平面进去,这个平面与原有的 n 个平面的交线有 n 条,这 n 条直线便将添进去的这一平面划为"$\frac{1}{2}n(n+1)+1$"块,每一块又将每个原有的空间部分划成两部分,于是共增加"$\frac{1}{2}n(n+1)+1$"部分.由此我们得出递推关系:

$$F_{n+1} = F_n + \frac{1}{2}n(n+1) + 1$$

至此,我们不难得出并归纳证明 $F_n = \frac{1}{6}(n^3 + 5n + 6)$,并非 $F_n = 2^n$.这里,我们看到,四个平面最多将空间划分为 15(而非 $2^4 = 16$)份;五个平面最多将空间划分为 26(而非 $2^5 = 32$)份……递推,迭代……这是数学中常用的方法.

数学领域内这种以退为进的方法十分广泛.数中,最简单的是有理数(应当说是整数,但有理数不过是两整数之比),于是,遇到复杂的数常常退到有理数,然后再去逼近.函数中,最简单的是多项式(应当说是幂函数,但多项式不过是幂函数的线性组合),于是,遇到复杂的函数常常退到多项式,然后再通过多项式去逼近.几何图形中,最简单的是直线组成的图形,于是,遇到比较复杂的图形常常退到由直线构成的图形.然后通过直线图去逼近.在抽象空间中,人们也希望它是可析的,然后就有可能以一个简单的子集为基础去逼近.如此等等,不一而足.这些重要的思想给数学带来众多的创造成果.

7.5 善于拐弯

为了前进,人们首先总是希望有笔直的道路,但在很多情况下,笔直的道路并不存在.于是就要拐弯.解决数学问题,常要拐弯,从事数学创造,必须善于拐弯.上面所说的以退为进,也是一种拐弯办法,但我们谈的拐弯比之退步法更广泛,更普遍.

就拿28乘25来说,你可以列出式子,拿起笔来,然后算出 $28 \times 25 = 700$.但你也可以拐个弯,不动手,也不动笔,因为4个25是100,而28中有7个4,故很快可知28乘25是700.

库默尔在探讨 $x^n + y^n = z^n (n > 2)$ 有没有整数解时也拐了很大一个弯.他首先把整数的范围扩大(当然不能"扩"得太"大"),建立一种"理想数",先在这种新数中找方程 $x^n + y^n = z^n$ 的解,然后再看这些解中有没有整数.

库默尔走的是先扩大然后再缩回的路子,而在另一些问题上,又是先缩小然后再扩开出去的路子.道路常常是迂回曲折的.

很难将全部拐弯的办法归纳起来,但数学中最常用、最重要的办法莫过于变换或映射.

变换的目的是通过变换获得新的信息,又往往为着把复杂的问题化为比较简单的问题,把困难的问题化为比较容易的问题.

在一定条件下,我们可以通过变换把高次的化为低次的,把多维的化为一维的,把无理的化为有理的,把超越的化为代数的,把几何的化为代数的或把代数的化为几何的,把偏微分方程问题化为常微分方程问题,把常微分问题化为代数问题,等等.各个分支彼此渗透,彼此借助,日益发展.

所有的二次曲线 $Ax^2 + Bxy + Cy^2 + Dx + Ey + F = 0$ 通过平移变换、旋转变换等就可分析得十分清楚,这是我们在中学就学会了的.

通过对各种变换的分类还可以把整个几何学分析得十分清楚.几何学在19世纪获得蓬勃发展,产生出纷纭繁复的众多成果,到了这种时候往往需要进行整理.后来克莱因发现这些众多的几何成果可以简

七　数学创造的方法论问题 | 145

洁地分为几类.划分的基础就是将变换归类.如果有一类变换,在变换与变换之间引入运算,这种运算又满足某些规律,就称这一类为变换群.研究在某种变换群下几何图形的不变性就构成某种几何,不同的变换群就构成不同的几何学.这样就把当时的几何世界弄得很有条理了.克莱因的这一思想不仅给几何学以重大影响,而且也影响到其他学科,甚至物理学.

映射是数学中最基本、最普遍的概念之一,它不仅反映了现实世界中各种量(或形,或更一般的集合)之间的相互联系,也是数学中普遍运用的方法.映射的方法中又有一种常见的.我们先看最简单的例子.

求 3 的平方根 $3^{\frac{1}{2}}$,这个可能谁都会,而且不少人知道它就是 1.732(实乃近似值).若求 3 的五次方根 $3^{\frac{1}{5}}$,恐怕也不算太难,但如果不想点办法也够烦(或繁)的了.下面的办法是四百年前就开始出现了的.先取 $3^{\frac{1}{5}}$ 的对数:

$$\lg 3^{\frac{1}{5}} = \frac{1}{5}\lg 3 = \frac{1}{5} \times 0.477 = 0.0954$$

再取 0.0954 的反对数 $\lg^{-1}0.0954$,查对数表(当然,学数学的人不仅要会查,还要知道这表是如何造的)即知

$$\lg^{-1}0.0954 = 1.246$$

这样我们就求得 3 的五次方根 $3^{\frac{1}{5}} = 1.246$.

$3^{\frac{1}{5}}$ 与 1.246 相等(严格地说,只是近似相等),从这个意义上讲, $3^{\frac{1}{5}}$ 与 1.246 是一回事,但由前者得到后者正是所要求者,而这是拐了弯才得到的.这个过程可示意如下:

$$3^{\frac{1}{5}} \xrightarrow{\text{取对数}} 0.0954 \xrightarrow{\text{取反对数}} 1.246$$

再看一例.

欲求级数 $F = x + \dfrac{x^3}{3} + \cdots + \dfrac{x^{2n+1}}{2n+1} + \cdots, |x| < 1.$

我们采用以下办法,先对级数微分:

$$\frac{\mathrm{d}}{\mathrm{d}x}F = 1 + x^2 + \cdots + x^{2n} + \cdots$$

右端的这个级数是等比级数,变得易于求和了,它的和即 $\dfrac{1}{1-x^2}$.下一

步我们就对 $\frac{1}{1-x^2}$ 作积分：

$$\int_0^x \frac{1}{1-x^2}\,\mathrm{d}x = \frac{1}{2}\ln\frac{1+x}{1-x}$$

最后得到

$$x + \frac{x^3}{3} + \cdots + \frac{x^{2n+1}}{2n+1} + \cdots = \frac{1}{2}\ln\frac{1+x}{1-x}$$

得出这个结果也是拐了弯的,其过程可示意如下:

$$x + \frac{x^3}{3} + \cdots + \frac{x^{2n+1}}{2n+1} + \cdots \xrightarrow{\text{作微分}} \frac{1}{1-x^2} \xrightarrow{\text{作积分}} \frac{1}{2}\ln\frac{1+x}{1-x}$$

取对数、作微分都是映射,取反对数、作积分分别是它们的逆映射.所以这个拐弯的方法就是利用映射的方法,全称是关系映射反演原则(或称 RMI 原则).

一般来说,这里要求映射 φ 的逆映射 φ^{-1} 存在,即 φ 应是可逆映射,并且要求 φ^{-1} 是现实可行的(至少在某种条件下能行).概括地说,就是:对于给定的一个具有目标原象的 X 的关系结构 S,如果存在一个可逆映射 φ 将 S 映成映象关系结构 S^*,而在 S^* 中能通过有限步数学手续把目标映象 $X^* = \varphi(x)$ 的某种所需要的性状确定下来的话(此时即称 φ 为可定映射),又逆映射 φ^{-1} 具有可行性,则 (S, S^*, φ) 称为一个可解结构系统,解决问题的过程可示意如下:

$$X \xrightarrow{\text{通过 } \varphi} \underset{\varphi(x)}{\overset{\|}{X^*}} \xrightarrow{\text{通过 } \varphi^{-1}} \underset{\varphi^{-1}(x^*)}{\overset{\|}{X}}$$

很明显,使用上述方法,尤其是创造这种方法,需要广博的知识和善于联想的能力.

7.6 善于提炼模型

做到运用数学为实际生活服务,特别是创造性地解决现实生活(社会和经济等各方面)提出的实际问题,必须掌握一种本领:善于提炼数学模型.这是数学派上用场的第一步.

一张凳子三只脚不就够了,为什么要四只脚?地面不会总是很平的,四只脚的凳子摆得很稳(即同时着地)吗?对此,有的人可凭经验回答,但数学的回答最有力.如何回答?数学怎样用上?通俗一点说,那就是如何把这个具体问题化为数学问题,寻求其数学模型.

实际上，只要地面光滑（不一定要水平），就一定可以把四只脚的凳子摆稳．

可设凳子的中心不动，将其作为坐标原点．四只脚的脚底视为四个点 A、B、C、D（必要时，请读者自行绘图，以帮助理解），它们构成一正方形，其对角线 AC 和 BD 作为坐标系的 x 轴和 y 轴，把凳子的旋转（绕凳子中心）视为正方形 $ABCD$ 的旋转，用 α 表示 AC、BD 转动后与 x 轴、y 轴的交角，用 $g(\alpha)$ 表示 A、C 两只脚与地面距离之和，$f(\alpha)$ 表示 B、D 两只脚与地面距离之和．当地面光滑时，$f(\alpha)$、$g(\alpha)$ 都是 α 的连续函数．因为三只脚总能同时着地，所以 $g(\alpha)$ 与 $f(\alpha)$ 中至少有一等于 0，故对任何 α 有

$$g(\alpha) \cdot f(\alpha) = 0$$

不妨设 $g(0)=0$，$f(0)>0$（即 A、C 同时落地，B、D 中有一未着地）．于是，我们的数学问题（即模型）就是：在条件 $1°$，$f(\alpha)$，$g(\alpha)$ 为连续函数，条件 $2°$，$g(0)=0$，$f(0)>0$；条件 $3°$，对任何 α 皆有 $g(\alpha) \cdot f(\alpha)=0$ 之下，求证存在某 α_0，使得 $f(\alpha_0)$ 和 $g(\alpha_0)$ 同时为 0（即四只脚同时着地）．

这个问题也很好证明：

作 $h(\alpha)=g(\alpha)-f(\alpha)$．

由条件 $2°$ 可知 $h(0)=g(0)-f(0)<0$

将凳子转动 $\dfrac{\pi}{2}$，即将 AC、BD 的位置互换，仍由条件 $2°$ 知，$g\left(\dfrac{\pi}{2}\right)>0$，$f\left(\dfrac{\pi}{2}\right)=0$，故

$$h\left(\frac{\pi}{2}\right)=g\left(\frac{\pi}{2}\right)-f\left(\frac{\pi}{2}\right)>0$$

由条件 $1°$ 知 $h(\alpha)$ 是连续函数，故依据连续函数的中值定理可知：在 $\left(0,\dfrac{\pi}{2}\right)$ 之中，存在 α_0，使 $h(\alpha_0)=0$，即 $g(\alpha_0)=f(\alpha_0)$．由 $g(\alpha_0)=f(\alpha_0)$，再联合条件 $3°$，便知

$$g(\alpha_0)=f(\alpha_0)=0$$

事实上，我们证明了，凳子在从初始位置出发旋转不到 $90°$，就一定可以找到一个摆稳的位置．

从这个例子，我们看到应用数学解决实际问题的过程：首先就是

要做出数学模型,然后转入数学的论证或计算工作,最后将计算的结果或论证的结论应用于实际问题.

这是日常生活中的一例,至于大的科学技术问题更离不开数学,离不开提炼数学模型.比如,要把卫星送上绕地球飞行的轨道,火箭的末速度应当有多大? 达到那样的末速度火箭需要用几级?

现在我们知道,把卫星送上 600 千米的高空绕地球飞行需要火箭的末速度至少 7.6 千米/秒;所用的火箭当是三级的.那么,这个 7.6 千米/秒是如何计算出来的呢? 火箭为什么是三级而不是一级、二级,也不是四级呢? 解答这些问题的第一步都是要提炼数学模型.

这就指明了提炼数学模型的必要性,那么普遍性如何? 实际上,从理论上说,没有不需要使用数学的学科,这也就回答了提炼数学模型这一任务的普遍性.因此,问题在于如何具体实现这一任务.这一方面的创造前景十分广阔.

数学模型很多很多,但大的分类有三:一是确定性数学模型,二是随机性数学模型,三是模糊性数学模型.数学模型如此重要,我们当然要努力提高增强提炼数学模型的能力.

要善于提炼模型,首先要对于我们所研究的对象(包括实际生活提出的问题)准确地理解,熟悉相关的实际问题,依据有关的科学理论确定几个基本量;然后分析其中哪些量是主要的,分析哪些量和量的关系是主要的,哪些量是变化的,哪些量可以看作是不变的,哪些量是已知的,哪些量是未知的;再后,要选择数学概念、数学符号、数学表达式(必要时得自己创造新的概念、符号和表达式)以恰当地描述那些量及其关系.所以,提炼数学模型特别需要我们有理解实际问题的能力,进行抽象分析的能力,运用数学语言的能力等三种能力.

7.7 善于抽象

抽象性是数学的一大特点(全面地说,高度的抽象性和广泛的应用性,两者的统一反映了数学的特色).尽管每一学科都离不开抽象方法(不同程度地使用),然而,以数学为最甚.因此数学创造中抽象方法具有更重要的意义.

前面所说的提炼模型也可说是数学中使用的一种抽象方法,但只是一个方面.

　　什么是数学的抽象方法？那就是追求对事物最本质、最基本的理解，以至能更深刻、更广泛地认识事物．应当说这并没有离开一般科学方法意义上的理解，但数学提出的问题更特别．比如我们要问"什么是距离？"一般情形下人们会做关于距离的各种比较实际的描述，数学家并不反对这种描述，然而他的回答却是："距离是定义在空间上的满足若干条件的函数"．又如我们问"什么是概率？"一般情形下人们也会有一些具体的理解，数学家也可能不反对这些理解，然而他的回答却是："概率是定义在具有某种结构的空间上的集合函数"．那么，毫无疑问，数学家抓住了最本质的东西，因而是最科学的，虽然它的陈述形式似乎很深奥．

　　科学发现，包括数学发现，乃至重大的发现，间常是由于提出并回答一些看来非常浅显但并未被认识清楚的一些问题．物体总是往地上掉，为什么？物体落在水中有的能浮起来，有的又不能，为什么？……这是一类"为什么"的问题，还有一类"是什么"或"什么是"的问题，如前面问到的"什么是距离"，"什么是概率"……有人曾问过"什么是计算"吗？自古以来，人们都在计算，有谁问过"什么是计算"？值得问吗？

　　1936 年左右一位年青的英国数学家图灵（A. M. Turing）问过并解决了这个问题，这个问题的解决具有非常重大的意义，他实际上做出了"通用"计算机存在性的逻辑证明，预示了现代通用数字计算机，对发展现代计算机的先驱者（如冯·诺伊曼）的思想起了关键的作用．

　　应当说，不只是图灵做了上面的事，例如波兰出生的美国数学家波斯特（E. L. Post）也做过这个工作（图灵和波斯特都在 1954 年去世）．

　　回答"什么是计算"这个问题亦不外是抓住计算过程中最本质、最基本的东西（这就是抽象法）．计算时用的是铅笔还是钢笔，计算时用的纸是否打了格子，计算时用的是纸还是黑板，这都是非本质的、无关紧要的．计算过程中实质性的东西就是：一些符号记在某种器具上，计算的行为随着作为各步结果的各种特定符号而变化．

　　图灵还作了进一步的抽象分析．他发现通常使用的纸所具有的二维性质也不是本质的，即不必是一张张的纸，而可以是一条条的纸（不是"纸块"，而是"纸条"），计算的内容完全可以记在纸条上；当然又可以不必是纸带(纸条),也可以是磁带.这一分析使图灵得出结论说:计算可以被限制在一个线性的器具上(纸带或磁带),带中也可加上格子.

图灵对计算过程的下一步分析是:一切计算过程的实质无非是每一步把在格子里看到的 0 换成 1,或 1 换成 0(如果使用二进位的话),或者有时需要把注意力转移到另一格去,不妨假定注意力的转移只限于从所看到的格移到左右相邻的格(这对计算过程的实质并无限制).

经过上述抽象分析后,对在线性带上的 0、1 串执行以下指令:

1°,写符号 1;

2°,写符号 0;

3°,向左移一格;

4°,向右移一格;

5°,观察现在注视的符号以确定下一步;

6°,停止.

计算者(也许是机器)就执行由这些指令编排好的程序.这些精辟的分析使得计算过程的实质被彻底搞清楚了(在 Turing-Post 程序设计语言中有 7 种指令:

打印 1;

打印 0;

左移,右移;

若 1 被注视执行第 i 条指令,若 0 被注视执行第 i 条指令;

停止.

在具体程序中上述 i 换成确定的正整数).

图灵透彻的分析确实为现代计算机奠定了理论基础.这也是抽象分析方法显然的巨大威力.

我们已经说过,公理化方法在数学抽象方法中占有特殊的地位.此外我们还可述及一些基本的抽象方法,然而本书在此从略了.

公理化和机械化被我国数学家吴文俊称为数学发展中的两大潮流,图灵的成就是自古以来存在的机械化潮流中的一件具有特殊意义的大事.

7.8　谚语的启迪

有众多的名人名言,有大量的谚语警句,它们给人以激励,给人以忠告,给人以启迪,给人以智慧.波利亚围绕着创造这个主题编集了一组谚语(见他的著作《怎样解题》第三部分第 66 节).他所讲的是解题,比创造这个主题稍窄一些,但对创造这个较宽的主题也是适用的.这些谚语,涉及创造中的智力因素、非智力因素,但也大量涉及方法问题.

"(1)我们为解题所必须做的第一件事是理解题意:

知己知彼,百战不殆.

我们必须对我们所要达到的目的一清二楚.

凡事预则立,不预则废.

这是句老生常谈.不幸,并非每个人都重视这句良言,于是人们常常在没有很好了解他们的工作目的之前贸然开始推测、谈话、甚至忙乱地行动起来:

愚者鲁莽从事,智者深谋远虑.

如果我们目的不明,我们很容易误入歧途:

智者三思而行,愚者轻举妄动.

但是了解问题还不够,我们还必须有求解的愿望.没有解题的愿望,我们就没有解决难题的可能;有了这样的愿望,我们才有解决的可能:

有志者事竟成.

(2)制订一个计划,想出一个适合行动的念头,这是求解中的主要成就.

一个好主意往往是一个好运气、一个灵感,我们必须受之无愧:

天才来自勤奋.

坚持就是胜利.

滴水穿石,功到自然成.

初败不馁,再接再厉.

然而,仅仅不断努力还不够,我们必须尝试以不同的方法变化我们的试验:

千方百计,不厌其烦.

条条大路通罗马.

我们还必须使我们的试验适应环境：

看风使舵.

量体裁衣.

因势利导,不可强求.

勿蹈前辙.

智者随机应变,愚者固执己见.

我们甚至应该从一开始就做好方案失败的准备,并且以另一方案作后备：

狡兔三窟.

当然,我们也有可能因变换方案次数过多以致造成时间上的损失.这时,我们可能听到冷嘲热讽：

折腾短,折腾长,有的是时光.

如果我们不忘我们的目的,我们就会少犯错误：

钓鱼的目的在于鱼不在于钓.

我们力争从我们的记忆中汲取有益的东西,但当一个可能有益的念头涌现时,我们却常常因为它不显眼而未意识到它.专家的念头也许并不比无经验的初学者多,可是他对已经涌现的念头能较明确地意识到并运用自如：

英雄造时势.

智者审时度势,不失良机.

另一方面,专家的长处也可能在于:他密切注意着机会：

莫失良机.

（3）我们应当在正确的时刻开始实现计划,要在它成熟的时候,而不要提前.我们切不可鲁莽从事：

出门观天,远行问路.

三思而行.

但另一方面,我们又不可蹉跎过久：

不入虎穴,焉得虎子.

做最可能的事,抱最好的希望.

想方设法,天助人愿.

我们必须依靠判断,来确定正确的时刻.下面及时提醒我们最常见的判断错误是：

轻信所求.

我们的计划通常只给出一个一般性大纲.我们必须使自己相信其细节是适应计划大纲的,为此,我们必须逐个逐个地仔细审查各个细节:

步步登天,滴滴穿石.

饭要一口一口地吃.

在实现计划时,我们的步骤必须依照恰当的顺序,它常与发明时的次序相反:

愚者最后所行,乃智者最初所为.

(4)回顾所完成的解是工作中一个重要而有启发性的阶段:

温故而知新.

再思则明.

重新审查解答后,我们对所得结果可能格外坚信.我们必须向初学者指出:这种格外坚信是有价值的,两个证明总比一个证明强:

有备无患.

(5)我们这里并没有举尽所有的关于解题的谚语.尚有许多谚语也可以摘引……下面是几条自拟的'综合'谚语,它们描述稍为复杂一点的情况:

方法取决于目的.

你的五个最好的朋友是:什么,为什么,哪里,何时与怎样.当你需要忠告时,你去问它们而不要问别人.

不要相信一切,也不要怀疑一切.

当你找到第一个蘑菇(或做出第一个发现)后,
要环顾四周,因为它们总是成堆生长的."

八 数学教学与创造

数学教育的意义如何,数学教学的现状怎样,数学教学应当是怎样一种教学,数学教师肩负着什么样的使命,这是本章所要讨论的一些问题.最后讨论的一个主题是:"数学是年轻人的科学."

8.1 数学教育的特殊意义

世界各国使用着各自的语言,汉语,英语,法语,德语,俄语,日语,西班牙语……同一个国家内的不同民族甚至也操不同的语言.但有一种"语言",对于无论何种民族都是公共的,全世界的人看到下面这些符号后都会知道是什么意思,用不着再翻译.

$$(a+b)^2 = a^2 + 2ab + b^2$$

$$a^2 = b^2 + c^2 - 2bc\cos A$$

$$\sin 30° = \frac{1}{2}$$

$$\lg 2 = 0.3010$$

$$\cdots\cdots$$

这就是数学的"语言",它比任何语言都更具有世界性.

在各类学校中开设着各种各样的课程,但有一门课程,尤其是在大学前的各类学校中,开设得最普遍,开设的时间最长、最多,那就是数学.在全世界的人口中,学过数学这一课程的人远远超过其他任何课程.

人人都必须接受数学的训练.在多数实行义务教育的国家,青少年至少接受九年的数学教育;在不少发达国家,接受数学教育的时间长达十年以上.至于在大学教育中,除了数学专业外,在非数学专业领域中作为公共课或工具课而开设的课程中,数学的地位也是无与伦比的.数学教育在整个教育过程中占有独特的位置.

数学教育的地位是由数学自身的地位所决定的,是一个自然的结果.

首先是数学应用的广泛性,这一点,本书中已作过较多的叙述.数学已成为经济生活和社会生活中实实在在的东西,人们都必须懂得最起码的数学.而对于众多的专业(并非限于数学专业)来说,则需要更多的数学;并且对于其中不少的人来说,数学水平的高低有着决定性的意义.

可以说,今天各级数学教育的质量决定着明天科学研究人员的质量.世界各国在检查自己的教育质量时,无不优先检查数学教育的质量.1957 年,苏联卫星上天,这一事件震撼了美国举国上下,当时美国首先从检查教育入手,而在教育中又优先考虑数学教育的状况,进行了大幅度的数学教学改革.至今他们仍然认为"各级高质量的科学和数学教学,包括中学前、中学和大学的教学在内,是保持美国科学实力的关键因素."(《美国数学的现在和未来》,中译本,复旦大学出版社,1986 年,第 51 页)

数学教育的作用还不只是学习数学自身,通过它还能达到对人的思维进行训练的目的,达到开发智力的目的.逻辑作为思维规律的科学不可能一开始就通过《逻辑学》课程的学习去掌握,古典逻辑诞生之后,最早而又与之融合得最好的就是数学,对于青少年来说,数学的训练正是使他们了解和熟悉基本思维规律的最好手段.几何的严谨,代数的技巧……是思维体操中最重要的项目.具备科学和数学知识,这应当成为现代公民的重要标志.正因为如此,有的国家甚至把数学当作国学.

"在现今这个技术发达的社会里,扫除'数学盲'的任务已经替代了昔日扫除'文盲'的任务而成为当今教育的重要目标.人们可以把数学对我们社会的贡献比喻为空气和食物对生命的作用.事实上,可以说,我们大家都生活在数学的时代——我们的文化已经'数学化'."(《美国数学的现在和未来》,中译本,复旦大学出版社,1986 年,第 54页)

8.2 数学教育面临的问题

数学教育与人的创造力的关系甚为密切,因此,数学教育的现状更为人所注目.

目前数学教育的优点在于,几乎所有的数学教师都注意自己教学的严谨性,严密的演绎,完美的逻辑,精确的计算.

如果学生计算的结果对了(当然,超过了容许的误差范围那也是不许可的),但是道理讲得不对或者计算的过程不合理甚至反映了概念上的偏颇,那么这是不能过关的.计算的结果不对不行;结果对了,然而是碰中的,那也不行.

如果学生说$\triangle ABC$ 与$\triangle DEF$ 是全等的,但并未给予逻辑的证明,他只停留在观察,或者只是猜测,那么这也是不能给满分的.观察的结论即使没错,但并未经严格的证明,那也不能算数.

如果证明了命题"若 A 则 B"为真之后,谁要是立即(哪怕是不自觉地)把"若 B 则 A"的真看作是无须再行证明的,那是绝不能容许的;谁要是继续去证明"若不 B 则不 A"为真那就是白白浪费时间了.

数学教师忌讳直观论证,因为直观可导致谬误,往往有人走这种"捷径".

数学教师忌讳循环论证,因为循环论证是无效的,往往有人陷于循环而不能自拔.

数学教师忌讳利用不完全归纳进行论证,因为这种归纳也可能闹出笑话.

上述种种都被视为不严谨的表现,而数学教师最忌讳背上不严谨的名声.

数学教师对在没有理论指导的情况下就去进行计算也保持很高的警惕,因为这样做可能费力不讨好,甚至会导致谬误.

数学严谨的意义是不能低估的,数学教师在数学教育中注入这种严谨性是必然的.这种严格的教学使学生获得严格的训练.这种严谨性是使学生的思想健康和强壮起来的必要条件.逻辑乃是思维的卫生学,严谨的教师是学生思维的保健医生,既预防又治疗.

有鉴于此,数学教师当然都乐于人们称赞他的严密、严谨;而决不愿听到关于他不严谨的(哪怕是不够严谨的)非议.

然而,另一方面的问题也同时发生:严谨被强调得过了头.这是十分有害的.

如果,直觉的地位没有了;归纳的作用被忽视;猜测不被精心地加以引导……那将给数学教育蒙上阴影.

直觉不重要吗?"严密仅仅是批准直觉的战利品."(哈达玛语)

归纳不重要吗?"甚至在数学里,发现真理的主要工具也是归纳……"(拉普拉斯语)

猜测不重要吗?"使外行人似乎稍感惊讶的是数学家也在猜想."(波利亚语)

甚至类比也是重要的."我珍视类比胜于任何别的东西,它是我最可信赖的老师,它能揭示自然界的秘密,在几何学中它应该是最不容忽视的."(开普勒语)

美国数学家克莱因在《古今数学思想》一书中曾叙述道:"欧几里得几何被说成是给出了由图形直观地猜测到的定理的精确证明,其实它只是提供了精确绘出的图形的直观证明."我们不应当忘记,数学的严谨虽是在各种学科中特别突出的,但也是相对的.

所谓把严谨强调得过了头,就是指把它绝对化了.这将会压抑创造性,因为过去和未来的实际创造过程并不是从严谨到严谨的,学生的思维和接受数学思想的实际过程也是曲折的、复杂的,并非一上阵就是严谨的一套.

欧几里得当初建立的几阿体系本身就是有缺陷的,从基本概念到基本命题(即定义、公设)都有不严谨、不完善的地方,从欧几里得之后经过了漫长的时间,直到希尔伯特才建立了迄今为止被认为是最完整的几何体系(并称之为欧几里得-希尔伯特体系),历时两千多年.

微积分创立之初也相当"粗糙",17世纪以后的相当一段时期内,"数学的进展几乎要求完全忽视逻辑的顾忌……数学家们现在敢于相信他们的直观和对自然的洞察力了."(克莱因:《古今数学思想》,中译本,卷Ⅱ,上海科技出版社,1979年.)在微积分创立的基础上,整个分析系统蓬勃发展,各种创造层出不穷,虽然也夹杂着悖论、迷惑甚或一定程度的混乱.就这样,经历了整整两个世纪,微积分才获得了严谨的逻辑基础.

集合论在19世纪末诞生后,令许多数学家兴高采烈,认为数学从此找到了完美的出发点. 然而事隔不久,罗素发现了悖论,集合论(乃至整个数学)陷入深深的危机之中,20 世纪以来,众多的数学家为摆脱这一危机做出了巨大的努力,才使得集合论建立在今天这样(仍然是相对的)严谨的基础上(以 ZFC 公理系统的建立为标记).

被认为最早研究、似乎又最简单的算术公理系统也在 19 世纪后期才出现;而且,算术公理系统的相容性问题作为希尔伯特 1900 年提出的 23 个大问题的第二个问题,至今尚未得到解决.

可以说,数学的几乎每一大的门类并非一开始时就是以严密完整的面貌出现的;有数学家认为:严密性乃是时代的函数.

因此,要求新的数学思想、新的数学创造一开始就很严谨,既不符合历史事实,也不利于数学的发展(正如,不可能要求微积分获得严密的逻辑基础之后再去发展微分方程、级数理论、变分学等,如果那样,数学发展起码延缓一两个世纪).

在数学的教学中,如果不重视数学发展的实际过程,不重视学生接受数学的实际过程,不注意数学创造的实际过程,而只片面顾及数学的严谨性,将会是有害的. 公理突然出现了,要证明的结论一下子也摆出来了,然后要做的事情就是在这两者之间架起一座桥梁. 这势必会抑制学生的积极性,有损他们的创造力.

逻辑与直觉的统一,具体与抽象的统一,猜想与严格论证的统一,体现这些精神的教学才是比较完美的教学,这种教学才能达到传授知识与培养能力的统一,才能真正完成开发青少年智力的使命.

8.3 发现式教学

数学教学中有严密演绎的部分,这应当占有绝大部分的教学时间,学生在这方面的训练也是旷日持久的. 但我们的数学教学应当是发现式的. 在教学过程中,引导学生去发现,引导学生去创造,这是十分重要的任务,今天的学习是为了明天的创造,因此至少应当使学生对发现或创造发生兴趣并试着去发现,去创造. 如果仅仅是给学生"已知",然后告诉他如何去"求证",叫他去练习"证明",那是很不够的.

要学生用数学归纳法(又被叫作完全归纳法,实际上是建立在算术公理基础上的一种演绎方法)去证明下面的这一系列公式:

$$1+2+\cdots+n=\frac{n(n+1)}{2}$$

$$1^2 + 2^2 + \cdots + n^2 = \frac{n(n+1)(2n+1)}{6}$$

$$1^3 + 2^3 + \cdots + n^3 = \frac{n^2(n+1)^2}{4}$$

这无疑将有助于学生熟练掌握数学归纳法,掌握一种论证方法,但这多少是些机械的手续,没有多少发现的意味,特别,这些公式是如何发现的,这似乎是更重要的一方面.现在数学教学内容多、进度快,也许在课堂上老师无暇引导学生展开这种讨论,那么至少也应当在课外或在数学小组内进行讨论和研究.光知道发现了什么,而很少知道如何发现的思想,这是相当普遍的现象.数学归纳法作为一种完全归纳法运用于推理,但实际上在应用它来证明某个命题前,通常在得出这个命题的过程中是要使用不完全归纳的.不完全归纳是发现的一个重要手段.有些教师充其量把它作为导出正题的一个引子,而很少把它作为发现式教学的有机组成部分,很少精心做出安排并组织学生参与.

教学中的权威主义是存在的,数学教学中尤其如此.但这种权威不能完全建立在从天而降的命题和威严无比的演绎基础上.不能让学生在这种权威面前变成奴仆,而应当使学生确信这种权威的合理性,并最终驾驭它.因为我们无疑都希望学生最终成为数学的主人.

一开始就拿出关于多面体的欧拉公式

$$E = F + V - 2$$

然后就着手去证明,这也绝不是一个好的教学.可不可以先画出一些图,再列出一个表:

多面体名称	面数(F)	顶点数(V)	棱数(E)
立方体	6	8	12
三棱柱	5	6	9
五棱柱	7	10	15
方锥	5	5	8
三棱锥	4	4	6
五棱锥	6	6	10
八面体	8	6	12
正十二面体	12	20	30
正二十面体	20	12	30

然后让学生去观察、去思索、去猜测:F、V、E 之间有什么关联?让他们去猜吧! 有这一环节和没有这一环节效果是不一样的.可千万不要对猜错了的学生泼冷水,你可以问他是怎样猜的,并引导他自己

去发现自己如何猜错了,这是另一层意义上的发现,这还可能使他做出另外的发现,也许是更好的发现,多次错误的或浅显的猜测使得导致正确和深刻发现的可能性大大增加.

如果没有良好的气氛,没有经过培养而形成的爱思索、爱探讨的习惯,许多学生就可能不去想、不去猜,即使想到一点什么、猜到一点什么也不想讲、不敢讲.就大多数的情况来说,我们的课堂是沉闷的.现在多么需要改变这种状况啊,这种状况的改变又多么不容易,这与我们数学教师的关系又是多么密切,这都是我们值得深思的.

如果上面那个欧拉公式讨论得好,还可以引导学生去观察另一组数表:

多面体名称	面数(F)	顶点数(V)	棱数(E)
立方体	6	8	12
八面体	8	6	12
五棱柱	7	10	15
双五棱锥	10	7	15
正十二面体	12	20	30
正二十面体	20	12	30

类比也是获得猜想的重要方法,欧拉首先通过类比(这里是代数方程与三角方程、有限与无限之间的类比)猜到

$$1+\frac{1}{2^2}+\frac{1}{3^2}+\cdots+\frac{1}{n^2}+\cdots$$

的和是$\frac{\pi^2}{6}$(这又是何等奇妙的联系:每一项都是一个简单的有理数,而其和居然是一个超越无理数,虽然这种情况并不罕见),后来又猜到

$$1+\frac{1}{2^4}+\frac{1}{3^4}+\cdots+\frac{1}{n^4}+\cdots$$

的和是$\frac{\pi^4}{90}$,乃至最后证明

$$1+\frac{1}{2^{2m}}+\frac{1}{3^{2m}}+\cdots\frac{1}{n^{2m}}+\cdots=R\pi^{2m}$$

R是有理数.由类比获得猜想,对猜想再作证明,这是这一问题得以解决的实际过程.事实上这种发现的实际过程是有代表性的.获得科学发现的过程常常是艰难的,科学发现者并非走在一条由逻辑铺满的阳光大道上,科学发现往往令人感到意外,"但是这种意外,只能发生在应该获得它们的那些人们那里."(拉格朗日语)

逻辑毫无疑义是重要的,但作为非逻辑的直觉是决不可忽视的.在我们今天的数学教育中,严重的弊端之一就是忽视了创造过程中非逻辑因素的作用,许多教师由于这样或那样的原因而忽视对学生直觉力的培养,以致还有意无意地挫伤学生的好奇心,压抑他们的创造意识,减弱了他们的创造力.

应当指出,许多优秀的教师面对今天的高考局面也感叹不已.他们的讲述是有条有理的,他们的严密与周到也是没有问题的,但是,他们的功夫不得不更多地花在使学生记住那些高考所可能涉猎的内容,告诉学生碰到什么问题用什么办法,分门别类,对付高考,甚至一个问题的具体求解过程也要详细书写,因为高考时不这样书写是要扣分的.这样,数学中饶有兴味的东西没有了,一些闪光的数学思想火花被迫淹没在这沉闷的环境中.

我们相信,数学教师都希望改变这种局面,许多人已经在努力,而且有了成效.

8.4　数学教学与教师

我们继续谈谈与数学教师(主要指中学数学教师)有关的一些问题.

中学数学教学有多么重要,数学教师的地位有多么重要,这已为一部人所认识,包括为数学界以外的一部分人所认识.我国最杰出的一批数学家华罗庚、苏步青、吴文俊……无不对中学数学教育给以深切的关注.

1945 年,樊勒华·布什博士曾上书当时的美国总统,指出:

"中学里数学和科学的不良教学很易损害学生的科学才能,这种教学既不能激起学生对科学的兴趣,又不能给学生以良好的指导,全面改进科学教学已成为刻不容缓的事.要成为一名第一流科学家,就必须极早取得一个良好的开端,而一个极早的良好开端意味着在中学里受到良好的训练."

数学是一门饶有兴趣的学科,但在有的教师门下,学生越学越乏味了;数学是一门十分美妙的学科,但在有的教师门下,学生越学越感到玄乎了;数学是一门极能焕发学生智慧的学科,但在有的教师门下,学生越学越对自己的智力产生怀疑了.这种教师当然是少部分.

从另一方面说,当好一名数学教师却是很不容易的,确有很高的要求.

物理、化学、生物等,都有摸得着或看得见的东西(至少中学的相当一部分内容是如此).然而数学主要是比较抽象的东西,不易为学生所接受.

理、化、生与实际生活的联系,为实际生活所运用,看来也明显得多,因而也较易引起学生的兴趣.然而数学的这种联系要间接得多,相对来说,也不易引起学生的兴趣.

数学的美是更深沉的美,严肃的美,她的美学价值为学生所感受到,则更不容易.

要教会学生去演绎,教师本人就必须十分清楚每个演绎的系统和演绎的地位,从宏观到微观都让学生领会到数学演绎的力量,这是细致而持久的繁重劳动.

要教会学生去发现,教师本人就必须懂得发现,或自己曾有过发现,或熟知他人的发现过程,或至少作过许多发现的尝试,教师自己的学习与教学本身应是创造性的.

要教会学生去归纳,教师本人就必须是善于归纳的.我们这里指的主要仍是不完全归纳,但此中亦有不同层次,深层的归纳,才能得出可信度较大的预想来.

要教会学生猜想,教师本人就必须是善于猜想的.因为并没有极简单的猜想,也没有极简单地教猜想的方法,这方面的文字记载又微乎其微.

除了演绎外,至少,就教学的内容而言,对相关的归纳、类比、猜想可能是些什么要清楚,这需要深入地而不是一般的掌握教材.我们的教师当明白,即使在演绎的过程中也会穿插着类比、猜想之类的思维过程.

这样说来,我们的数学教师需要有丰富的知识.不仅有丰富的数学知识,而且还应尽可能熟悉一些数学史;不仅熟悉普通心理学,而且还应尽可能熟悉一些创造心理学.这样,我们就更加知道要爱护以及如何爱护学生的好奇心,发展他们的想象力,激发他们去发现和创造的热情.

优秀的教练能训练出运动水平大大超过自己的运动员,优秀的数学教师当然也能教出胜过自己的学生来,他们靠的不只是数学知识,还要靠许多相关的学问与本领.

我们常说,不仅要给学生以知识,还要给学生以能力,这里的能力必定包含创造的能力和为创造奠定基础的能力.当然,传授知识与培养能力是相辅相成的,对立起来将是有害的.当今,做到这两者的完美统一的,实不多见.必须认真地传授知识,学生有充实的知识,方易形成能力,能力不可能在没有知识的空壳上建立.然而建立在充实的知识基础上的能力更重要,因为更广博的知识、未来的知识要靠能力去吸收,发现新的知识更要靠能力.

作为数学教师,不仅要注重对学生智力素质的培养,还要为他们培养优良的非智力因素,因为后者是创造型人才所不可缺少的.青年人都希望自己是富于智慧的,优秀的教师定会让他们懂得:勤奋能使你的智慧,你的潜能焕发出来.青年人都希望自己运气好,优秀的教师定会让他们懂得:有坚强毅力的人的运气总不会太坏.

教育思想、教学计划、教学内容、教学方法,都要适应社会的需要进行深刻的改革.数学教师有机会在这个改革中做出自己的贡献.

当今优秀的数学家、教育家之一波利亚对教师曾说过一段很有意思的话,我们把它转录下来:

"我担心对许多学生来说数学是一套死板的解题法,其中一些在期末考试之前你必须死记硬背,然后就会全部忘光.对一些教师来说,数学是一套严格的证明系统,他们认为在课堂上讲授时,应该有个分寸,有个限度,如果不是这样,而把它讲得很通俗,他们就怕由于不严谨、不完全而有损于个人威信."

"我想,对视野广阔的哲学家来说,所有聪明才智的获得往往是通过猜想游戏的.在科学中,同在日常生活中一样,当面临新情况时,我们就从某个猜想开始.我们的第一个猜想可能会失败,会离目标很远,但是我们再试它一下,按照成功的程度,我们稍作修改.在观察的推动下及类比的引导下,做过几次试验及几次修改之后,我们终于可以得到一个更满意的猜想.……数学家的创造性工作的结果是论证推理,是一个证明,但证明是由合情推理,是由猜想来发现的."(注:波利亚把推理分为两类,一类叫论证推理,如逻辑演绎;一类叫合情推理,如归纳、类比.)

"在数学教学中必须有猜想的地位.教学必须为发明作准备,或至少给一点发明的尝试.无论如何,教学不应该压制学生中间的发明萌芽."

他向数学教师呼吁:"让我们教猜想吧!"

数学教师的使命是崇高的,未来一代人的创造力如何,紧系于他们;未来一代人的素质如何,紧系于他们.

8.5 数学是年轻人的科学

数学的早期教育越来越为人们所重视,许多教育实验以数学为主要内容,这不是偶然的.

数学是年轻人的科学,当我们这样说时,并不否认少数大器晚成者的事实,也不否认一些数学家在晚年还做出重要成果的事实,但从统计的意义上讲,这个命题无疑是正确的.

美国学者亚当斯(K. Adams)对当代 4000 名科学家和工程师的研究成果进行统计分析,发现:就其最佳创造年龄来说,生物学家是46 岁,人类学家是 47 岁,工程师 43 岁,物理学家 40 岁,化学家 38 岁,数学家 37 岁.另一学者的统计分析表明,心理学家的最佳创造年龄是40 岁.亦即,创造性高涨的年龄,数学家最早到来,而人类学家则较晚到来.

数学领域最重要的一项国际奖就是用来奖励青年人的,这项奖以加拿大数学教授菲尔兹(J. C. Fields)的名字命名,它以菲尔兹提供的一笔捐赠和 1924 年多伦多国际数学家大会剩下的一笔资金为基础.虽然以菲尔兹的名字命名并非他的本意,但他去世以后数学家们仍冠以他的名字.菲尔兹奖虽然是对已经取得的成果的一种确认,然而它强调是"对更进一步成就的一种鼓励",基于这种精神,菲尔兹奖早期的评委会都挑选青年数学家,并且逐渐将"青年"的含义规定为 40 岁以下.为什么会形成"40 岁以下"的概念,没有谁挑明过,然而似乎是不言自明地做了一个假定:即使对 40 岁以上的数学家进行鼓励,他们做出进一步的重大成就的可能性是比较小的.况且,是否第一流的数学家并非完全以是否获得了菲尔兹奖为标准.

《数学百科辞典》(日本数学会编,中文版,1984 年,科学出版社)所列出的从 19 世纪到 20 世纪 50 年代这一期间的最重要的数学家是 20 位,可以看出,在这 20 人中,一半在 20 岁左右、一半在 30 岁左右便在数学上取得重大成果,仅 Weierstrass 稍晚,但也在 40 岁前完成了奠定解析函数理论基础的重大工作.这 20 人是(以去世时间为序):

von Neumann(冯・诺伊曼,1957)

Weyl(韦尔,1955)

E. Cartan(嘉当,1951)

Hilbert(希尔伯特,1943)

Lebesgue(勒贝格,1941)

F. Klein(克莱因,1925)

Cantor(康托尔,1918)

Dedekind(戴德金,1916)

Poincaré(庞加莱,1912)

Lie(李,1899)

Weierstrass(魏尔斯特拉斯,1897)

Kronecker(克罗内克,1891)

Riemann(黎曼,1866)

Dirichlet(狄利克雷,1859)

Cauchy(柯西,1857)

Gauss(高斯,1855)

C. G. J. Jacobi(雅可比,1851)

Galois(伽罗瓦,1832)

Fourier(傅里叶,1830)

Abel(阿贝尔,1829)

有统计表明,由于科学的发展,人类知识积累量的骤增,科学家进入创造高峰的年龄在后移,但这是缓慢的后移,大约每百年延缓 3.5 岁.数学是青年人的科学,这一事实并未因上述发展而发生大的改变.

数学最需要好奇心,青少年时期好奇心最盛;数学最需要想象力,青少年时期最富于想象力;数学最需要精力旺盛,青年时期精力最旺;数学创造最忌讳墨守成规,青年人最少陈规;数学更忌讳迷信或盲从,青年人又最少盲从.青年人只要目标明确,就可以学得非常快.对于吸收广泛的数学知识,参加讨论班是一种极有益的形式,毕竟听人在黑板上向你解释某个问题要比自己去研读要容易,经常翻阅《数学评论》(*Mathematical Reviews*)也是非常好的习惯.

1985 年,当代著名数学家塞尔被问及面对今天数学知识爆炸的形势,一个开始读研究生的学生能否用四、五或六年时间吸收大量知识后进入开创性工作时,塞尔说:"为什么不能呢？对某个给定的问题,你通常并不需要知道很多——再说,常常是极其简单的想法打开了局面."

对数学的神秘感使不少人产生了障碍,青年人尤其要避免受到束缚.1979 年索波奔姆在《费马定理十三讲》一书中预言:"可以有充分的理由认为,莫德尔猜想的获证似乎还是遥远的事."然而,时隔四年,29 岁的青年数学家伐尔廷斯证明了著名的莫德尔猜想,震惊了世界.索波奔姆的"充分的理由"并不充分.

青年数学家成长的道路并没有固定的模式,有的人沿着某种纲领前进,有的人多面出击……选题并不会总是成功的.维纳年轻时也尝试过去研究费马问题、四色问题和黎曼猜想,但都未成功,他的成就主要在控制论.

开辟崭新的领域固然是可贵的,但"枯木逢春"的情形也是可能碰到的.1940 年至 1950 年,经典分析被认为已经死寂,然而,1960 年至 1970 年,分析学又成了数学中最成功的领域之一,调和分析、复分析、微分方程融合在一起.

呈现在有志青年面前的道路,虽然可能是不平坦的,但却会是充满希望的;虽然可能是荆棘丛生的,但却会是五彩缤纷的.

人名中外文对照表

阿贝尔/Abel

阿倍尔/Appel

阿波罗尼/Apollonius

阿蒂亚/M. Atiyah

阿丁/Artin

阿基米德/Archimedes

阿里斯姆/Oresme

阿历克山德洛夫/

    Л. С. Анександров

埃尔米特/Hermire

爱德尼曼/Adleman

爱尔多斯/Erdös

爱米·诺德/Emmy Noether

爱因斯坦/Einstein

巴甫洛夫/Павлов

巴赫/Bach

巴莱斯/Barnes

巴斯卡/Pascal

柏拉图/Plato

鲍勃·格利斯/Bob Griess

鲍尔/W. Bauer

鲍耶/Bolyai

贝弗里奇/Beveridge

贝克莱/Berkeley

伯努利/Bernoulli

比伯巴赫/Bieberbach

毕达哥拉斯/Pythagoras

毕卡/Picard

波尔/F. Pohl

波利亚/Polya

波普/Popper

波斯特/E. L. Post

波特/Bott

玻尔/Bohr

玻色/Bose

伯克霍夫/Birkhoff

伯特兰/Bertrand

布尔/Boole

布尔巴基/Bourbaki

布劳威尔/Brouwer

查德/Zadeh

达布/Darboux

戴阿柯尼斯/Diaconis

戴勃罗/Debreu

戴德金/Dedekind

戴维松/Rollo Davidson

德·摩根/De Morgen

德布洛依/de Broglie

德沙格/Desargues

狄拉克/Dirac

狄利克雷/Dirichlet

笛卡儿/Descartes

丢东涅/Dieudonne

厄多斯/Erdös

伐尔廷斯/Faltings

法拉第/Faraday

菲尔兹/J. C. Fields

费多洛夫/Fedorov

费马/Fermat

费米/Fermi

费兹格拉尔德/C. Fetz Gerald

冯·诺伊曼/von Neumann

弗莱明/Fleming

弗里德曼/D. Freedman

弗洛比留斯/G. Frobenius

傅里叶/Fourier

富克斯/Fuchs

富勒/Brock Fuller

伽利略/Galilei

伽罗瓦/Galois

盖尔-曼/Gell-mann

高斯/Gauss

哥德巴赫/Goldbach

哥德尔/Gödel

哥斯裴尔/William Gosper

歌德/Goethe

格拉斯曼/Grassmann

格里文科/В. Ц. Гливенко

古莎/Goursat

古斯里/Guthrie

哈达玛/Hadamard

哈代/Hardy

哈尔莫斯/Halmos

哈肯/Haken

哈雷/Halley

哈密顿/Hamilton

哈斯/Hasse

海森泊/Heisenberg

荷洛维茨/D. Horowitz

赫姆霍兹/Helmholtz

赫兹/Hertz

华林/Waring

华特松/J. Watson

怀特/J. H. White

怀特海德/Whitehead

惠更斯/Huygens

吉尔曼/Germain

嘉当/E. Cartan

卡斯特勒/Kästner

卡瓦列利/Cavalieri

开尔文/Kelvin

开普兰斯基/Kaplansky

开普勒/Kepler

凯雷/Cayley

康托尔/Cantor

康托洛维奇/Канторович

柯恩/Cohen

柯尔莫果洛夫/

　　А. Н. Колмогоров

柯朗/Courant

柯西/Cauchy

克莱因/F. Klein

克莱因/M. Kline

克罗内克/Kronecker

克利克/F. H. C. Crick

克林/W. Killing

库默尔/Kummer

拉夫连捷夫/

　　М. А. Лаворентъев

拉格朗日/Lagrange

拉马努金/Ramanujan

拉梅/Lame

拉普拉斯/Laplace

莱布尼茨/Leibniz

勒贝格/Lebesgue

勒让德/Legendre

勒维烈/Leverrier

黎曼/Riemann

李特尔伍德/Littlewood

里弗斯特/Rivest

林德曼/Lindemann

留斯铁尼克/Л. А. Люстерник

刘维尔/Liuville

鲁宾逊/Robinson

鲁恩/Van de Lune

鲁金/Лузин

路易斯·德·布朗吉斯/

　　Louis de Branges

罗巴切夫斯基/Лобачеcкий

罗宾斯/Robbins

罗尔/Rolle

罗素/Russell

洛仑兹/Lorentz

洛伦斯·克莱因/

　　Lawrence Klein

马丢/E. Mathieu

麦克斯韦/Maxwell

米林/M. Milin

密西根/Michigan

闵可夫斯基/Mcnkowski

明索夫/Д. Е. Менъшов

莫德尔/Mordell

莫斯图/Mostow

莫扎特/Mozart

默森/Mersenne

纳速剌丁/Nasir-Eddin

尼科马修斯/Nicomachus

牛顿/Newton

涅氏/Horner

诺瓦里斯/Novalis

欧几里得/Euclid

欧拉/Euler

庞加莱/Poincaré

皮阿诺/Peano

普朗克/Planck

普林斯顿/Princeton

普洛克拉斯/Proclus

切比雪夫/Чебышев

儒可夫斯基/Жуковский

瑞尔/te Riele

萨开里/Saccheri

塞尔/Serre

沙米尔/Shamir

莎士比亚/Shakespeare

什尼列里曼/

　　Л. Г. Шниренъман

斯蒂恩/L. A. Steen

斯普林格/Springer

斯瑞利华森/Srinivasan

斯坦福/Stanford

斯托克斯/Stokes

苏斯林/М. Я. Суснин

索波列夫/Соболев

塔斯基/Tarski

图灵/A. M. Turing

托雷米/Ptolemy

瓦格斯塔夫/Wagstaff

瓦里斯/Wallis

瓦洛克/T. Warnock

瓦特/Watt

威廉·配第/William Petty

韦达/Vieta

韦尔/Weyl

魏尔斯特拉斯/Weierstrass

维格纳/Wigner

维纳/N. Wiener

维诺格拉德/J. Vinograd

沃德/R. Ward

沃尔泰/Voltaire

沃尔特拉/Volterra

乌拉/Ulam

乌雷松/Л. С. Урысон

西尔维斯特/Sylvester

希伯斯/Hippasus

希尔伯特/Hilbert

希尔泽布鲁赫/Hirzebruch

辛格尔/Singer

辛蒙斯/G. simmons

辛钦/А. Я. Хинчин

施瓦茨/Schwarz

薛定谔/Schrödinger

雅可比/C. G. J. Jacobi

亚当斯/K. Adams

亚里士多德/Aristoteles

亚历山大洛夫/Alexandrof

数学高端科普出版书目

数学家思想文库	
书　名	作　者
创造自主的数学研究	华罗庚著；李文林编订
做好的数学	陈省身著；张奠宙，王善平编
埃尔朗根纲领——关于现代几何学研究的比较考察	[德]F.克莱因著；何绍庚，郭书春译
我是怎么成为数学家的	[俄]柯尔莫戈洛夫著；姚芳，刘岩瑜，吴帆编译
诗魂数学家的沉思——赫尔曼·外尔论数学文化	[德]赫尔曼·外尔著；袁向东等编译
数学问题——希尔伯特在1900年国际数学家大会上的演讲	[德]D.希尔伯特著；李文林，袁向东编译
数学在科学和社会中的作用	[美]冯·诺伊曼著；程钊，王丽霞，杨静编译
一个数学家的辩白	[英]G.H.哈代著；李文林，戴宗铎，高嵘编译
数学的统一性——阿蒂亚的数学观	[英]M.F.阿蒂亚著；袁向东等编译
数学的建筑	[法]布尔巴基著；胡作玄编译
数学科学文化理念传播丛书·第一辑	
书　名	作　者
数学的本性	[美]莫里兹编著；朱剑英编译
无穷的玩艺——数学的探索与旅行	[匈]罗兹·佩特著；朱梧槚，袁相碗，郑毓信译
康托尔的无穷的数学和哲学	[美]周·道本著；郑毓信，刘晓力编译
数学领域中的发明心理学	[法]阿达玛著；陈植荫，肖奚安译
混沌与均衡纵横谈	梁美灵，王则柯著
数学方法溯源	欧阳绛著
数学中的美学方法	徐本顺，殷启正著
中国古代数学思想	孙宏安著
数学证明是怎样的一项数学活动？	萧文强著
数学中的矛盾转换法	徐利治，郑毓信著
数学与智力游戏	倪进，朱明书著
化归与归纳·类比·联想	史久一，朱梧槚著

数学科学文化理念传播丛书·第二辑	
书　名	作　者
数学与教育	丁石孙,张祖贵著
数学与文化	齐民友著
数学与思维	徐利治,王前著
数学与经济	史树中著
数学与创造	张楚廷著
数学与哲学	张景中著
数学与社会	胡作玄著

走向数学丛书	
书　名	作　者
有限域及其应用	冯克勤,廖群英著
凸性	史树中著
同伦方法纵横谈	王则柯著
绳圈的数学	姜伯驹著
拉姆塞理论——入门和故事	李乔,李雨生著
复数、复函数及其应用	张顺燕著
数学模型选谈	华罗庚,王元著
极小曲面	陈维桓著
波利亚计数定理	萧文强著
椭圆曲线	颜松远著